本书的出版得到了国家自然科学基金项目（61801435），河南省科技攻关计划项目（232102210161、232102210151），河南省高等学校青年骨干教师培养计划项目（2020GGJS172），河南省高校科技创新人才支持计划项目（22HASTIT020），河南省杰出外籍科学家工作室项目（GZS2022011），河南省高等教育教学改革研究与实践项目（学位与研究生教育）（2021SJGLX247Y），郑州航空工业管理学院科研团队支持计划专项（23ZHTD01005），郑州航空工业管理学院科研平台开放基金（ZHKF-230205），航空航天电子信息技术河南省协同创新中心的资助

毫米波大规模MIMO-NOMA系统安全绿色通信研究

赵飞　王毅　吴新李　著

U0160780

中国水利水电出版社

www.waterpub.com.cn

·北京·

内 容 提 要

近年来，毫米波大规模MIMO-NOMA系统被认为是未来B5G/6G通信网络中一项很有前景的技术。其中，大规模MIMO解决了毫米波覆盖范围受限的问题，NOMA技术能够提供更高的系统容量和用户公平性。此外，由于无线通信传输的开放性使系统安全受到威胁，物理层安全技术利用无线信道的差异性，有效克服了由窃听者带来的安全性问题。本书针对毫米波大规模MIMO-NOMA系统安全绿色通信问题，研究了不同应用场景下的预编码技术、波束优化方案和资源分配机制，为信息安全、能源环保等技术的进步积累了科学方法和关键技术。

本书适合无线通信专业对信息安全和绿色通信领域感兴趣的从业人员阅读，通过阅读本书，读者不仅可以更加深入地理解安全能效的研究意义，还能掌握未来通信网络中相关资源分配的优化方法。

图书在版编目（CIP）数据

毫米波大规模MIMO-NOMA系统安全绿色通信研究 / 赵飞，王毅，吴新李著 . —北京：中国水利水电出版社，2024.2

ISBN 978-7-5226-1893-7

Ⅰ . ①毫… Ⅱ . ①赵… ②王… ③吴… Ⅲ . ①移动通信—通信系统—研究 Ⅳ . ① TN929.5

中国国家版本馆 CIP 数据核字（2023）第 199937 号

书　名	毫米波大规模 MIMO–NOMA 系统安全绿色通信研究 HAOMIBO DAGUIMO MIMO–NOMA XITONG ANQUAN LVSE TONGXIN YANJIU
作　者	赵飞　王毅　吴新李　著
出版发行	中国水利水电出版社 （北京市海淀区玉渊潭南路 1 号 D 座 100038） 网址：www.waterpub.com.cn E-mail：zhiboshangshu@163.com 电话：（010）62572966-2205/2266/2201（营销中心）
经　售	北京科水图书销售有限公司 电话：（010）68545874、63202643 全国各地新华书店和相关出版物销售网点
排　版	北京智博尚书文化传媒有限公司
印　刷	河北文福旺印刷有限公司
规　格	170mm×240mm　16 开本　10.5 印张　220 千字
版　次	2024 年 2 月第 1 版　　2024 年 2 月第 1 次印刷
定　价	69.00 元

作者简介

赵飞,男,中共党员,博士,讲师/工程师,河南郑州人,1985年11月29日生。2022年7月于郑州大学信息与通信工程专业博士毕业。2010年7月至2016年4月分别于珠海格力电器股份有限公司及河南蓝信科技有限公司从事嵌入式开发及信号处理工作,2016年6月起任职于郑州航空工业管理学院智能工程学院。目前主要研究方向为毫米波/太赫兹技术、大规模MIMO技术、NOMA、物理层安全通信、RIS技术等。

先后主持和参与了8项国家级、省部级和厅级项目,以第一作者在SCI二区期刊发表文章2篇,授权发明专利5项。

王毅,男,中共党员,博士,副教授,河南三门峡人,1984年12月8日生。2016年10月于东南大学信息与通信工程专业博士毕业。2016年10月起任职于郑州航空工业管理学院智能工程学院。主要研究方向为面向B5G/6G的新一代移动通信系统物理层关键技术研究和相关标准化制定工作,主要包括大规模MIMO技术、绿色通信、无人机辅助无线通信技术、物理层安全通信、携能传输技术等。

先后主持和参与了12项国家级、省部级和厅级项目,在国内外高水平SCI期刊、EI期刊、EI会议和CSCD期刊等发表论文60余篇,申请发明专利22项,已授权13项,获得2015年IEEE International Conference on Wireless Communications and Signal Processing国际会议最佳论文奖(第一作者)

和 2015 年第十七届全国信号处理学术会议优秀论文奖（第三作者）。同时，担任多个国际期刊和国际会议的审稿人。

吴新李，男，中共党员，硕士，河南固始人，1995 年 5 月 1 日生。2022 年 7 月于郑州大学信息与通信工程专业硕士毕业。主要研究方向为毫米波通信、NOMA 无线通信、资源分配等。

前　言

近年来，毫米波大规模 MIMO-NOMA 系统由于能够提供更高的系统容量和用户公平性，被认为是未来 B5G/6G 通信网络中一项很有前景的技术，但数量庞大的天线带来了巨大的能源损耗，因此，毫米波系统的能效问题就成了未来通信网络急需解决的问题之一。另外，由于无线通信传输的开放性，对于未来拥有海量接入设备的通信网络，其安全传输将面临更大的挑战。

为了平衡毫米波大规模 MIMO-NOMA 系统的安全通信和绿色通信，安全能效作为一种新型的系统性能衡量指标也越来越受到关注。然而，针对毫米波大规模 MIMO-NOMA 系统，在不同应用场景下的资源分配机制成为了系统安全能效研究的关键和难点，本书将围绕这些难点进行研究。

本书共分 8 章，从毫米波大规模 MIMO-NOMA 系统的技术背景和国内外研究现状出发，逐步介绍了相关基础理论和关键技术、毫米波大规模 MIMO-NOMA 系统能效研究、毫米波大规模 MIMO-NOMA 系统物理层安全研究、基于 SWIPT 毫米波大规模 MIMO-NOMA 系统安全能效研究、毫米波大规模 MIMO-NOMA 星地集成网络安全能效研究、基于 SWIPT 的 RIS 辅助毫米波大规模 MIMO-NOMA 系统研究等内容。

本书由郑州航空工业管理学院智能工程学院的赵飞、王毅及郑州宇通集团有限公司的吴新李共同编写。其中，赵飞负责编写第 1 章、第 5 章、第 6 章、第 8 章的内容，王毅负责编写第 2 章与第 4 章的内容，吴新李负责编写第 3 章与第 7 章的内容。在本书撰写和出版的过程中，得到了郑州航空工业管理学院智能工程学院的大力支持。此外，还要感谢郑州大学的郝万明，郑州航空工业管理学院的刘兆瑜、郭慧、张宏亮、邸金红、郑宁、杨少川和刘亚等老师的鼎力支持与帮助。

本书的出版得到了国家自然科学基金项目（61801435），河南省科技攻关计划项目（232102210161、232102210151），河南省高等学校青年骨干教师培养计划项目（2020GGJS172），河南省高校科技创新人才支持计划项目（22HASTIT020），河南省杰出外籍科学家工作室项目（GZS2022011），河南省高等教育教学改革研究与实践项目（学位与研究生教育）（2021SJGLX247Y），郑州航空工业管理学院科研团队支持计划专项（23ZHTD01005），郑州航空工业管理学院科研平台开放基金（ZHKF–230205），航空航天电子信息技术河南省协同创新中心的资助，在此表示深深的感谢。

　　由于本书涉及无线通信前沿技术及多个学科领域，加之笔者认知水平有限、写作时间较短，书中不免存在不足之处，恳请各位专家和读者批评指正。

赵　　飞

2022 年 10 月于郑州

常用符号定义表

a	标量
$\boldsymbol{a}$	向量
$\boldsymbol{A}$	矩阵
$\boldsymbol{0}$	全零矩阵
$\boldsymbol{I}$	单位矩阵
$(\cdot)^{*}$	共轭
$(\cdot)^{\mathrm{T}}$	转置
$(\cdot)^{\mathrm{H}}$	共轭转置
$(\cdot)^{-1}$	矩阵的逆
$\in$	属于
$E\{\}$	数学期望
$\mathrm{Tr}(\cdot)$	矩阵的迹
$\mathrm{diag}(\boldsymbol{a})$	由 $\boldsymbol{a}$ 构成的对角矩阵
$[\boldsymbol{A}]_{i,j}$	$\boldsymbol{A}$ 的第 i 行第 j 列元素
$[\boldsymbol{a}]_{i}$ 或 $\boldsymbol{a}(i)$	$\boldsymbol{a}$ 的第 i 个元素
$\otimes$	Kronecker 乘积
$\|a\|$	矢量 $\boldsymbol{a}$ 的欧氏范数

arg max	全局最大化
$CN(m, s^2)$	均值为 m ，方差为 s^2 的高斯分布
$U(a,b)$	a ， b 区间内服从均匀分布
R	实数域
C	复数域

常用缩写对照表

5G	the fifth generation mobile communications	第 5 代移动通信
mmWave	millimeter wave	毫米波
MIMO	multiple input multiple output	多输入 / 多输出
RF	radio frequency	射频
SWIPT	simultaneous wireless information and power transfer	无线携能通信
IoT	Internet of thing	物联网
PLS	physical layer security	物理层安全
NOMA	non-orthogonal multiple access	非正交多址
OMA	orthogonal multiple access	正交多址
CSI	channel state information	信道状态信息
SIC	successive interference cancellation	串行干扰消除
SDMA	space division multiple access	空分多址
SCMA	sparse code multiple access	稀疏码分多址
RSMA	resource spread multiple access	资源扩展多址接入
MUSA	multi-user shared access	多用户共享接入
PDMA	pattern defined multiple access	图样分隔多址接入
QoS	quality of service	服务质量
CSTNs	cognitive satellite terrestrial networks	认知无线电星地网络
SNR	signal to noise ratio	信噪比
UPA	uniform planar array	均匀平面阵列
MRT	maximum ratio transmission	最大比率传输
ZF	zero-forcing	迫零
MMSE	minimum mean square error	最小均方误差
MF	matched filtering	匹配滤波

SINR	signal to interference plus noise ratio	信干噪比
SC	superposition coding	叠加编码
GSIC	group successive interference cancellation	群体串行干扰消除
WPT	wireless power transfer	无线能量传输
WIT	wireless information transmission	无线信息传输
SCA	successive convex approximation	连续凸逼近
FSS	fixed satellite services	固定卫星服务

目　录

第1章 绪 论

1.1 研究背景及意义

随着信息化时代的推进，移动互联网的兴起及通信需求量的飞速增长，第五代移动通信（the fifth generation mobile communications，5G）已逐步迈向大规模商用阶段。2020 年，中国工业和信息化部正式向中国电信、中国移动、中国联通发放了 5G 系统毫米波中低频段（Sub6GHz）频率使用许可，但毫米波高频段还处于应用研究阶段。为了保障"十四五"期间我国建成系统完备的 5G 网络，2021 年 7 月，工业和信息化部、中央网信办、国家发展和改革委员会等十部门联合印发《5G 应用"扬帆"行动计划（2021—2023 年）》，提出适时发布 5G 毫米波频率规划，探索毫米波中高频段的使用许可；加强 5G 网络安全建设是提升5G 应用支撑能力的关键因素；赋能 5G 应用重点领域，加强应用场景建设；加强5G 频率资源保障，做好 5G 基站和卫星地球站等无线电台站的干扰协调工作等内容[1]。由此可见，毫米波中高频段的开发、毫米波网络的安全保障、未来"万物互联"应用场景建设及星地集成网络的频谱共享与干扰等问题的研究将作为"十四五"期间 5G 网络建设的重要推进目标。

毫米波的商用带来了一系列的问题，毫米波虽然拥有超宽的带宽和超高的传输速率，但是因电磁波传输特性，频率越高的信号受复杂环境的影响越大，传输衰减越大，采用毫米波全向传输时基站仅能覆盖一个较小的区域，尤其对于未来6G 网络的太赫兹频段，覆盖范围受限的问题尤为严重[2]。但是，自 2010 年美国纽约大学的 Marzetta 教授发表开创性论文[3]以来，大规模多输入/多输出（multiple input multiple output，MIMO）被认为是近几十年来极具颠覆性的通信技术之一。该项技术解决了高频毫米波、太赫兹信号传输衰减较大，传输距离受限的问题。同时，由于毫米波波长较短，与其匹配的天线尺寸也随之缩小，因此在基站或移动终端有限的物理空间内可以配置更多天线，继而可以通过大规模 MIMO 形成高增益方向波束以增加毫米波信号的传输距离[4]，从而扩大其覆盖区域，如图 1.1

所示。因此，在未来 B5G/6G 的无线通信系统中，特别是高频毫米波作为主要应用频段时，为了实现高天线增益、克服严重的路径损耗和提供高数据速率，大规模 MIMO 的应用必不可少。

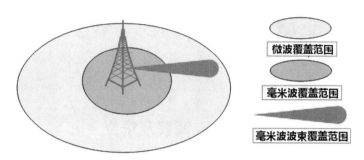

图 1.1　微波和毫米波的覆盖范围

虽然大规模 MIMO 技术的应用有效解决了高频毫米波传输距离受限的问题，但也带来了巨大的能源损耗[5]。有研究表明，5G 系统的能源损耗将是 4G 系统的 100 倍[6]。党的二十大报告指出，要实施全面节约战略，发展绿色低碳产业，倡导绿色消费，统筹产业结构调整，积极稳妥推进碳达峰碳中和。因此，推动低碳循环发展、全面节约和高效利用资源是当务之急，为进一步提高能源的使用效率，绿色通信（green communications）是实现绿色发展理念的重要手段之一。因此，如何减少系统能源消耗，提高能源效率是未来毫米波网络要面临的重要问题。业界学者提出了相关的技术手段，对于传统数字编码系统，每根天线需配备一条射频链（radio frequency chain，RFC），由于射频链硬件功耗较大，因此大规模 MIMO 系统下大量射频链将产生巨大的功耗[5]。为解决这一问题，混合模拟 / 数字预编码技术被提出。该技术是将预编码部分分成低维的数字预编码和高维的模拟预编码，低维数字预编码将基带信号传输给射频链，射频链通过模拟预编码将信号传输给天线。模拟预编码是由移相器连接射频链和天线，通过射频链的复用降低成本和功耗，并实现高增益的方向性波束。数字预编码采用传统的数字编码技术或其他更复杂的处理技术，提供额外的性能提升。因此，混合预编码可以有效减少射频链数目，降低系统功耗，提高系统能效[7]。

另外，无线能量传输与无线信息传输相结合的无线携能通信（simultaneous wireless information and power transfer，SWIPT）技术在近年也受到广泛关注，接收端通过功率分裂器把接收的射频信号转换为信息和能量[8-10]，延长了电池的使用时间，为未来拥有海量连接设备的物联网（Internet of thing，IoT）提供了巨大的节能潜力[11]。但是，对于多用户接入的 IoT 系统，用户间的干扰通常不利于信息解码而有利于能量收集，因此如何有效整合用户间的干扰，平衡信息传输和能量采集之间的耦合关系是多用户系统面临的一大挑战[12]。

另外，5G 系统也面临着信息安全问题。由于电磁波传输时覆盖范围的广阔性和开放性，无线通信的传输安全面临着越来越严峻的挑战。传统实现无线通信安全的方法是基于密码学加密的方式，这是建立在窃听者不知道密钥且有限时间内难以破解密钥的前提下实现的。随着计算设备能力的不断提高，可能导致密钥被破解，从而使得基于密码学的安全通信面临巨大挑战。与传统的加密技术不同，物理层安全（physical layer security，PLS）利用物理层传输介质的随机特性，如无线信道的衰落、噪声和干扰等，在避免窃听者获取机密信息的同时，提供给通信方可靠、可量化的安全通信[13-14]。这种技术可以与已有上层基于密钥加密的通信系统相辅相成，传统基于密码学的安全策略主要是通过加密技术实现的，而物理层安全技术不需要密钥的设计和分发，而且避免了复杂算法，但仍然可以有效提供安全的无线通信，这使得物理层安全技术比传统的加密技术更能适应未来大规模、分散分布的无线通信网络[15-16]。然而，一味地追求安全速率（保密速率）的提高，将导致过高的能源消耗，从绿色通信和可持续性的角度来看，这对于在许多情况下能源有限的用户设备是不现实的。因此，应综合考量安全通信和绿色通信的工作方式，以应对安全威胁和能源限制。

综上所述，随着通信的能源成本和安全要求不断提升，安全能效的研究在近年来逐渐受到学者们的关注。安全能效能够有机统一物理层安全传输和能源效率之间的关系，是安全绿色通信背景下的一种新的设计标准，是衡量安全绿色通信的重要指标，是实现安全通信与绿色通信平衡的主要途径。

1.2 国内外研究现状

近年来，毫米波大规模 MIMO–NOMA 系统已经成为学者们研究的热点，相比于传统技术，该系统有着独特的性能优势：首先，毫米波能够提供更宽的带宽和更高的传输速率；其次，大规模 MIMO 解决了毫米波覆盖范围受限的问题，并且混合预编码技术有效减少了射频链数目，降低了系统功耗；另外，非正交多址（non–orthogonal multiple access，NOMA）技术相比正交多址（orthogonal multiple access，OMA）技术能够提供更高的系统容量和用户公平性。尽管如此，由于无线通信开放和广播的传输特性使数据传输的安全性受到一定威胁，物理层安全技术利用无线信道的差异性，有效克服了窃听者带来的安全性问题。同时，面临毫米波系统功耗的巨大开销，如何高效利用资源提高系统能效，同样是一项值得研究的问题。为平衡安全传输和系统功耗，安全能效作为一种新的衡量系统性能的参数也越来越受到关注。本节将针对毫米波大规模 MIMO–NOMA 系统和安全能效的研究现状进行介绍。

1.2.1 毫米波大规模 MIMO 系统

传统毫米波 MIMO 系统采用独立的数字预编码或模拟预编码结构。传统数字预编码中，一条射频链连接一根天线，采用大规模 MIMO 技术时硬件成本与系统能耗很大[17]；模拟预编码通过单一射频链和相移网络实现，由于采用相同的时频资源，因此无法提供多路复用，如图 1.2 所示。为解决这一问题，美国高通公司的 Ayach 提出了混合模拟／数字预编码结构[18]，该结构可以通过减少射频链的数量，从而大幅度降低能源损耗。在此基础上，业界学者进一步提出全连接和部分连接两种混合预编码结构。

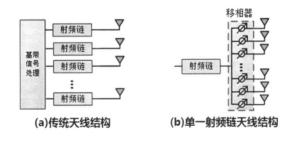

图 1.2 传统和单一射频链天线结构

针对全连接混合预编码，东南大学许威教授团队提出一种低复杂度的混合预编码方案，其性能接近于传统的数字预编码。该方案在射频端采用移相器控制，在基带端采用数字迫零预编码，并在理想的瑞利衰落信道和稀疏毫米波信道中对该方案进行了验证[19]。在此基础上，西安电子科技大学王勇超教授团队提出一种基于自适应的全连接预编码结构，通过开关控制天线和射频链的连接，构建了一个能效最大化的联合优化问题，并将其解耦为一个连续混合预编码子问题进行求解[20]。为了减少计算复杂度，曹海燕等设计出一种基于等效信道的全连接混合预编码器，以等效信道增益为目标设计收发端模拟部分，用最小二乘法对数字编码矩阵进行求解，仿真结果表明其在较低的复杂度下逼近最优编码方案[21]。

部分连接结构相较于全连接结构损失了一定的性能，但有效降低了系统复杂度和功耗。Nguyen et al[22] 针对毫米波大规模 MIMO 系统，提出一种新颖的非对称的部分连接结构，在子天线阵列中采用不等数量天线，并对该结构进行了优化设计，提出 3 种低复杂度天线分配算法，使该结构在接近最优性能的同时显著降低了系统复杂度。Marjan 等学者将整个天线阵列问题分解为部分阵列问题进行研究，采用迭代方法对每个部分阵列进行优化，并对比了线性天线阵列和均匀天线阵列的优劣[23]。文献[24] 面向多用户下行链路传输，提出一种适用于部分连接结构的低复杂度混合预编码方案，利用原始信道的相位信息和等效信道设计了混合预编码，并分析了独立和相关 Rayleigh 衰落信道下的系统性能。

综上所述，全连接结构和部分连接结构各具优势。其中，全连接型混合预编码功耗较大，但能带来较高的频谱效率；部分连接型混合预编码硬件成本更低，能带来更高的能量效率，但相比于全连接结构有一定的速率损失。

1.2.2　NOMA 技术

多址技术曾是区分移动通信系统各个代次的重要标志，NOMA 相较于 OMA 具有更大的优势，从多用户信道容量域角度看，NOMA 拥有更高的系统容量和较好的用户公平性；从资源块分配角度看，NOMA 拥有更低的时延和灵活的并发连接数，因此 NOMA 被业内学者认为是 5G 系统中颇具前景的关键技术[25-35]。另外，大规模 MIMO 技术是利用空间域大幅提升系统频谱效率或可靠性的关键技术。然而，基于多用户 MIMO 的空分多址（space division multiple access，SDMA）系统所支持的连接数受限于基站天线数。因此，大规模 MIMO-NOMA 系统利用功率域和波束形成技术来提高通信速率，可以实现 MIMO 和 NOMA 的优势互补，以满足未来海量终端的无线系统中巨流量和大连接需求（如 IoT、全息通信、虚拟现实、超清视频、远程医疗及大量智能终端设备的通信服务）。

NOMA 技术在毫米波大规模 MIMO 系统中的应用被业内学者认为是 5G 系统中颇具前景的关键技术并进行了深入研究[36-40]。文献［36］研究了多用户 MIMO-NOMA 蜂窝系统下行链路的功率分配方案，提出一种线性波束形成技术，使所有接收天线均能显著消除簇间干扰。文献［37］提出一种基于大规模 MIMO-NOMA 系统的多用户辅助协同中继方案，在面向多用户下行链路系统中，中继站利用基于串行干扰消除（successive interference cancellation，SIC）的 NOMA 技术实现多址传输，对预编码和功率分配进行联合优化，使频谱效率最大化。文献［38］提出一种多用户 NOMA–BF 系统，把单个波束成形向量引入基于 NOMA 的多用户系统，增加了服务用户数，提高了系统容量。文献［39］研究了一个组合资源分配问题，把用户分簇和基站选择相结合，不同于以往速率最大化，而是以用户的公平性作为目标函数，提出一种双边匹配算法对用户进行分簇优化的同时完成用户—基站的匹配。同时，多天线的复用增益与分集增益的折中也可以满足高可靠传输需求，清华大学戴凌龙教授团队从系统速率和系统能效等方面验证了 MIMO–NOMA 系统的性能优于 MIMO–OMA 系统[4, 28, 40]。

除了基础研究，产业界对于 NOMA 技术的应用研究也取得了一定的成效。其中，华为提出了稀疏码分多址（sparse code multiple access，SCMA）技术，高通提出了资源扩展多址接入（resource spread multiple access，RSMA）技术，中兴研发了多用户共享接入（multi–user shared access，MUSA）技术，大唐电信提出了图样分隔多址接入（pattern defined multiple access，PDMA）技术，虽然上述技术细节有所不同，但是它们都属于非正交的接入技术[41]。除此以外，Google 正在建立星座系统，利用 NOMA 为地面网络无法覆盖的区域提供服务；美国某大型公司的雅典娜项目要建设大规模 MIMO–NOMA 系统，致力给偏远农村地区提供互联网接入[42]。

1.2.3　可重构智能表面

2019 年以来，新加坡国立大学教授 Rui Zhang 和清华大学教授戴凌龙分别提出了智能反射面（reconfigurable intelligent surface，RIS）技术的概念[43-44]。RIS 通过在平面上集成大量低成本、低功耗无源反射元件（天线），智能地重新配置无线传播环境，以改变信号传输方向，提高高频毫米波信号接收强度，扩大其通信距离和覆盖范围，如图 1.3 所示。RIS 为无线通信系统的设计和优化提供了新的自由度，通过调整反射 / 折射系数和相移，可以与其他路径传播的信号相叠加，进而增强接收到的信号强度，也可以抵消同频干扰等不想接收到的信号。RIS 在实际应用中也具有较大的优势：首先，可以很方便地在墙壁、天花板、建筑物外墙和其他基础设施上安装；其次，可以很容易地集成到现有的无线网络中而不需要改变其原有的网络结构和协议，与现有无线通信系统有着较高的兼容性。为进一步推进高频毫米波及 RIS 在未来无线网络中的应用，2021 年 6 月，IMT–2030（6G）推进组正式发布《6G 总体愿景与潜在关键技术》白皮书，明确指出高频毫米波 / 太赫兹和 RIS 将作为未来无线通信的关键候选技术。RIS 引入了从基站到 RIS、从 RIS 到用户的分段信道，具有不同于大规模 MIMO 的信道特征。

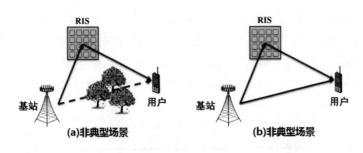

图1.3　RIS应用场景

近年来，RIS已经被应用在各种场景中。在文献［45］中，考虑单个RIS辅助的多用户MIMO系统，通过优化RIS的反射矩阵和基站的波束赋形矩阵，可以极大地提高下行链路的频谱效率。文献［46］考虑了多个RIS辅助多用户通信的场景，得到了一个具有QoS（quality of service，用户质量）约束的优化问题，联合优化基站的发射波束和RIS的反射波束，验证了RIS在无线携能传输系统中能效方面的优势。文献［47］在RIS辅助单用户通信系统中考虑了频谱效率的最大化问题。在文献［48］中考虑了多个RIS辅助单用户的大规模MIMO系统，考虑了在CSI（channel state information，信道状态信息）非理想的情况下，如何通过优化基站的发射波束赋形矩阵和RIS反射矩阵来提高系统性能的同时减少估计误差对系统的影响。在文献［49］中考虑了RIS辅助MIMO阻断系统的信道估计和联合波束赋形设计，通过利用级联信道的稀疏表示，提出了一种基于压缩感知的信道估计方法。RIS在产业界也取得了一定的进展[50-57]，其成果见表1.1。

表1.1　与RIS相关的工业进展和项目

企业项目	年份	取得的成果
VisorSurf	2018	开发了软件驱动的RIS硬件平台
NNT DOCOMO	2018	使用第一个超结构反射阵列演示28GHz频段的5G通信
ARIADE	2019	集成无线电和人工智能（artificial intelligence，AI）技术设计可变形反射表面
Lumotive and Tower Jazz	2019	演示了使用液晶变形表面实现波束控制
Pivotal Commwave	2019	使用软件定义的天线演示全息波束赋形技术
NNT DOCOMO	2020	演示了用于5G通信的透明动态变形曲面模型
Greenerwave	2020	开发了用于RIS的硬件算法
PathFinde	2021	预计为RIS辅助的通信网络奠定理论和基础算法

另外，RIS可以通过调整其幅度反射/折射系数和相移在用户之间引入理想的信道差异，从而可以根据需求对NOMA用户的信道状态进行重新配置，以达

到理想的信道差异性，增强 NOMA 的性能。同时，RIS 可以提供额外的信号分集以增强现有 NOMA 网络的性能，而不需要额外的时隙和能量[58]。如图 1.4 所示，文献［58］中给出了只有反射功能的 RIS 与 NOMA 相结合带来的容量增益，可见将 RIS 与 NOMA 技术相结合可以带来巨大的性能增益等优势。

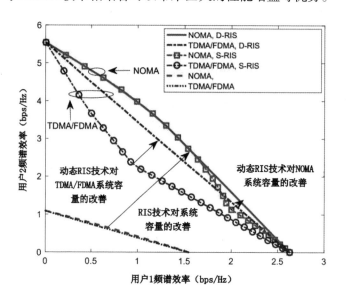

图 1.4　RIS 与 NOMA 相结合带来的容量增益

1.2.4　物理层安全及安全能效

　　由于无线通信开放和广播的传输特性，使其数据传输的安全性受到一定威胁。近年来，针对多种应用场景，联合毫米波和 NOMA 技术的安全传输问题成为研究热点。文献［59］在保证 QoS 的情况下研究了 SWIPT-NOMA 系统的安全速率传输最大化问题，提出一种粒子群优化算法，可有效提高系统传输速率；文献［60］考虑用无人机作为移动基站，在毫米波 NOMA 系统中存在窃听者的情况下，提出一种算法用于优化基站的保护区域，提高了系统的保密速率；文献［61］考虑了一种边缘缓存辅助毫米波云无线接入网络，研究了基于 PLS 传输延迟最小化的波束设计问题，提出一种基于半正定松弛的迭代算法，降低了系统的安全传输延迟；文献［62］分析了上行链路 NOMA 系统的物理层安全性，采用随机几何方法分析合法用户的覆盖概率和保密速率，并在合法用户周围建立一个窃听禁区。

　　除了上述物联网、无人机辅助和边缘计算等多种应用场景外，作为 6G 发展的主要应用网络，星地集成网络安全问题同样值得关注。同样在存在窃听者的情况下，陆军工程大学郭道省教授团队研究了认知无线电星地网络（cognitive satellite terrestrial networks，CSTNs）的安全信息传输问题，在共享相同毫米波频段并且非理想 CSI 情况下，提出一种鲁棒安全波束成形方法和功率分配方案[63]。清华大学姜春晓等研究了星地集成网络中采用物理层安全技术进行安全通信的问题，提出一个在用户功率和信噪比（signal to noise ratio，SNR）门限约束下，固定卫星服务（fixed satellite services，FSS）终端保密率最大化的问题，并采用一种迭代逼近方法将原非凸问题转换为凸二次问题进行求解[64]。南京邮电大学林敏教授团队针对 CSTNs 网络的物理层安全和能效问题做出了一系列深入研究[65-67]。其中，文献[65]提出一种 CSTNs 的物理层安全框架，并且利用同信道干扰作为一种有用的资源来提高卫星网络的保密性能，建立了一个约束优化问题，在满足卫星用户的干扰概率约束的同时，使地面网络的瞬时速率最大；文献[66]提出一个与卫星网络共享毫米波波段的 5G 蜂窝物理层安全框架，建立了一个基于波束成形变量的安全速率最大化问题，采用一种基于迭代的罚函数（iterative penalty function，IPF）算法来实现最优波束成形设计。

此外，由于未来毫米波基站，特别是无线电接入子系统的巨大能源消耗，能源效率成为毫米波系统从经济和生态角度考量的重要指标[67, 68]。郑州大学郝万明等学者研究了毫米波大规模 MIMO–NOMA 系统的能效问题，提出了一种低射频链结构的混合预编码方案，以最大能效为目标对功率进行优化分配[7]。哈尔滨工业大学孟维晓教授团队针对毫米波系统能效低下的问题，构建了一个基于自适应异步方式混合预编码的毫米波大规模 MIMO 系统，提出了一种启发式算法，以实现系统能效最大化[69]。清华大学戴凌龙教授团队研究了基于 SIC 的毫米波大规模 MIMO 系统能效，提出一种低复杂度的混合预编码连接结构，实现接近最优的系统性能[70]。Haqiqatnejad 等提出了一种毫米波大规模 MIMO 系统下的基于符号编码的混合预编码结构，联合优化数字预编码和天线的开关状态，最终实现系统能效最大化[71]。

以上文献将绿色通信与安全通信单独作为系统指标进行研究，主要针对安全速率最大化和能效最大化两个指标，并未将两者做到有机统一。随着通信的能源成本和安全要求不断上升，在保证系统安全传输条件下，进一步提高系统的能效也成为通信系统研究热点之一。因此，在安全绿色通信背景下，安全能效作为平衡安全速率和能效的一种新的系统指标成为研究的热点。

2012 年，英属哥伦比亚大学的 Robert Schober（罗伯特·施韦尔）教授团队首次将安全能效作为重要指标在 MIMO 系统中进行了研究[72]。同年，中南大学刘安丰教授团队针对无线传感器网络，研究了一个基于保密共享的多路径安全能效优化问题[73]。此后，安全能效作为一种新的系统指标受到广泛关注。近年来，为进一步提升系统节能潜力，融合 SWIPT 技术，以安全能效最大化为目标的优化问题成为研究的热点。其中，文献 [74] 以绿色通信为目标，研究能效优先的通信网络优化设计理论与方法，针对典型的单小区和多小区场景，通过模型构建、架构创新、算法设计与优化、理论分析及仿真验证等手段，开展了面向物联网的具有稳定电源供给、防止信息泄漏的能量有效传输方案的研究。文献 [75] 研究了基于 SWIPT 的安全通信与高效能量传输，包括多用户多输入单输出（MISO）系统中能量获取公平的鲁棒性安全波束成形设计、基于 SWIPT 的 MIMO 窃听系统中高效能量传输方案设计、多用户安全 MIMO 系统中能量收集最大化的预编码设计、具有能量自循环的无线供电全双工系统中鲁棒性安全波束成形设计等问题。文献 [76] 研究了包含多个多天线窃听者的 MIMO-SWIPT 系统，在窃听者 CSI 非理想的情况下，提出一个联合优化模拟预编码、人工噪声和发射功率的安全能效最大化问题，并提出一种迭代算法求得问题的解。文献 [77] 针对非理想 CSI，研究了MIMO 放大转发中继网络的能量效率，在中继 - 目的地添加 CSI 不确定性条件下，最大化能量效率。

1.2.5　毫米波大规模 MIMO-NOMA 技术面临的挑战

对于当前飞速发展的无线通信技术，安全通信与绿色通信是衡量未来通信系统的重要指标，为了在安全速率和能效之间实现更好的平衡，安全能效是安全绿色通信背景下一个非常值得研究的问题。由于将安全能效作为系统主要指标的研究时间尚短，面对未来更加复杂、系统损耗更大、频谱资源有限的网络环境，系统安全能效的研究面临着很大的挑战。

针对毫米波大规模 MIMO-NOMA 系统，上述文献大多针对其安全速率或系统能效单独进行研究，并未将两者结合。文献 [62-65] 忽略了多址技术，或对于多用户场景的选择过于简单，仅考虑了单用户或广播通信的情况。文献 [7，59-61，67] 考虑了多址技术，但系统建模时默认已完成分簇，忽略了用户分簇策略；或仅考虑两用户配对成一簇的场景，对多用户系统而言不具有普遍性；或忽略了系统安全性，造成分簇后形成的波束极大可能地指向窃听者。

另外，文献 [72-77] 对传统通信系统的安全能效做出了分析研究，但是针对毫米波大规模 MIMO-NOMA 系统的安全能效研究，尤其是针对 6G 的两大应用场景，即海量设备的物联网和共享毫米波频段的星地集成网络安全能效研究目前尚未考虑。因此，本书将基于上述技术开展物理层安全和安全能效研究。

1.3 研究内容及组织架构

1.3.1 研究内容

为满足未来移动网络安全、绿色通信的需求，本书以物理层安全和系统能效为基础，针对毫米波大规模 MIMO–NOMA 系统安全能效问题，根据不同应用场景，提出了相应的多用户分簇方案，构建了 4 个递进关系的毫米波大规模 MIMO–NOMA 系统模型，形成相关的物理层安全和安全能效优化问题，并提出了相应优化算法得到问题的可行解。本书内容的框架如图 1.5 所示，具体来讲，本书的研究工作将从以下 5 个方面展开。

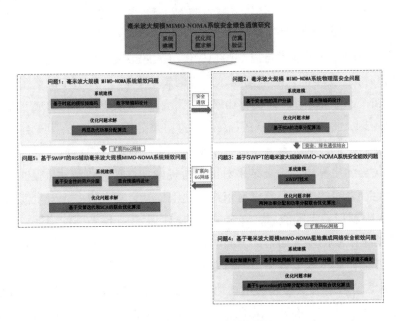

图 1.5 本书内容的框架

1）针对毫米波大规模 MIMO–NOMA 系统绿色通信问题，将 NOMA 技术与基于时延线阵列的毫米波系统相结合，研究其能效和谱效最大化问题。其中，混合模拟数字预编码设计方面考虑了全连接、混合连接和子连接 3 种结构。在完成用户分组和混合预编码设计之后，形成了一个优化功率分配的能效最大化问题。针对该非凸问题，本书提出一种两层迭代优化算法求得原问题的解。仿真结果表明，与基于时延线阵列的毫米波 OMA 系统相比，本书所提方案在能效和谱效方面均可以获得更好的性能。与传统基于移相器的毫米波 NOMA 系统相比，本书所提方案的系统能效和谱效分别提高 32.3% 和 10.7%。另外，通过对比所提方案下 3 种不同连接结构的能效和谱效发现，全连接结构谱效最优，子连接结构能效最优，而混合连接结构可以更好地权衡系统谱效和能效。

2）针对存在窃听者情况下毫米波大规模 MIMO 系统的安全问题，本书构建了一个多用户 NOMA 系统模型，在发射功率约束条件下形成一个系统安全速率最大化问题。为有效提高系统安全性，同时降低计算复杂度，本书对用户分簇方案和功率分配方案分别进行优化设计。首先提出一个基于安全性的用户分簇方案，使生成的波束有效避开窃听者的同时增大合法用户的覆盖率；其次针对非凸的安全速率最大化问题，提出一种基于 SCA 的功率分配算法，获得原问题的可行解。仿真结果表明，本书所提的用户分簇方案能够更好地提升系统安全性；混合预编码方案相比传统全数字预编码，在达到相同安全速率的情况下，安全能效指标最高提升了 60%；另外，基于混合预编码的 NOMA 系统比 OMA 系统具有更高的安全速率和安全能效。

3）考虑到 SWIPT 技术可以给用户提供巨大的节能潜力，以及针对毫米波大规模 MIMO 系统安全能效低下问题，本书构建一个基于 SWIPT 的毫米波大规模 MIMO–NOMA 系统模型，在发射功率和能量采集约束条件下，形成一个安全能效最大化问题，提出一种基于 Bi-section 的功率分配和功率分裂联合优化算法；考虑到收敛的稳定性和计算复杂度，本书又提出一种基于更新迭代的功率分配和功率分裂联合优化算法。仿真结果对比了所提两种算法的收敛性，验证了安全速率和安全能效之间的关系，若仅追求安全速率提升，将导致系统安全能效急剧下降；当功率限制到一定阈值后，安全速率的增加无法补偿功率的消耗，安全能效不再随着功率限制的增加而增加。同时，验证了在相同发射功率约束条件下，混合预编码方案相比传统全数字预编码方案，其安全能效提升了 50%。

4）考虑到未来卫星通信网络和地面网络融合的场景，本书将安全能效引入毫米波大规模 MIMO–NOMA 星地集成网络的评价指标中，构建一个初级卫星网络和次级地面网络共享毫米波频段的系统模型。为减小基站对地球站的同频干扰，提出一种基于抑制同频干扰的新型用户分簇方案。针对系统安全能效最大化问题，在非理想窃听者信道状态信息情况下，本书提出一种基于 S-procedure 的功率分配和功率分裂联合优化算法，得到原问题的可行解。仿真结果表明，所提新型用户分簇方案有效抑制了小基站对地球站的干扰；全连接结构混合预编码相比传统全数字预编码，在给定的发射功率条件下，能够以不到 3% 的安全速率损失换取

30% 的安全能效提升；部分连接预编码结构在相同功率约束条件下，比传统全数字预编码方案的安全能效提升了 40%。

5）考虑到 6G 的重要应用场景，本书将 RIS 技术引入连续相位调制的毫米波大规模 MIMO-NOMA 系统，研究了系统谱效问题。为实现信息能量同传，每个用户配备一个功率分裂器用于能量采集。为了减少功耗，基站端采用单射频链的稀疏连接结构。为最大化系统谱效，提出了功率分配和功率分裂、模拟预编码设计和 RIS 反射矩阵设计的联合优化问题。为求解此问题，本书将其分解为 3 个子问题，并提出一种联合交替迭代算法，获得最初问题的次优解。仿真结果表明，所提方案的谱效优于传统基于移相器调制网络的谱效，所提方案下的谱效也比 OMA 方案更优，同时也验证了 RIS 可以提高系统的通信服务质量。

1.3.2 组织架构

针对毫米波大规模 MIMO-NOMA 系统安全能效问题，本书分为 8 章进行讲述。

第 1 章介绍了本书的研究背景，从安全通信、绿色通信和安全能效等方面介绍了国内外研究现状，同时介绍了本书的主要研究内容。

第 2 章介绍了相关的基础知识，主要包括基于毫米波的混合预编码技术、NOMA 及 SIC 技术、无线携能通信等，为后续研究奠定基础。

第 3 章研究了毫米波大规模 MIMO-NOMA 系统绿色通信问题，将 NOMA 技术与基于时延线阵列的毫米波系统相结合，形成了一个优化功率分配的能效最大化问题，针对该非凸问题，提出一种两层迭代优化算法求得原问题的解。

第 4 章研究了毫米波大规模 MIMO-NOMA 系统物理层安全问题，设计了多用户毫米波大规模 MIMO-NOMA 系统，研究了多用户分组、混合预编码、NOMA 技术等，形成一个安全速率最大化的物理层安全问题。针对该非凸问题，本章提出一种迭代算法以获得问题的解。

第 5 章研究了毫米波大规模 MIMO-NOMA 系统安全能效问题。合法用户配备功率分裂器用于能量转化，形成一个优化发送功率及其功率分裂系数的安全能效最大化问题；应用 Dinkelbach 技术和一阶泰勒展开式把非凸问题转化为凸优化问题，进而提出两种迭代算法以获得最初问题的解。

第 6 章研究了毫米波大规模 MIMO-NOMA 星地集成网络安全能效问题，建立了卫星通信网络和地面 5G 网络融合的系统模型，并且两级网络共享相同的毫米波频段。在前期研究基础上，引入窃听者的信道不确定性，最大化系统的安全能效。针对该问题非凸性，提出一种基于 S–procedure 的功率分配和功率分裂联合优化算法以获得问题的解。

第 7 章构建了一个将 RIS 技术引入连续相位调制的毫米波大规模 MIMO–NOMA 系统，其中，基站端采用单射频链的稀疏连接结构。为最大化系统谱效，提出了功率分配和功率分裂、模拟预编码设计和 RIS 反射矩阵设计的联合优化问题。为求解此问题，将其分解为 3 个子问题，并提出一种联合交替迭代算法以获得最初问题的次优解。

第 8 章对全文进行总结，归纳了本书的主要创新点及获得的重要结论，展望了未来绿色通信、安全通信的发展前景，以及下一步的研究方向。

第 2 章　相关基础理论和关键技术

毫米波大规模 MIMO–NOMA 系统由于拥有超宽带宽,因此被认为是 B5G/6G 中极具前景的无线通信系统之一。传统 MIMO 系统中,每根天线需要配置一条射频链进行信号处理,对于毫米波大规模 MIMO 系统中动辄近百根天线的情况,将造成巨额的能源损耗。混合预编码技术的出现可有效降低射频链的开销,其原理是将传统预编码技术优化成模拟预编码和数字预编码两部分。另外,与传统的毫米波大规模 MIMO 系统在同一时频资源下使用一个波束只服务于一个用户不同,利用 NOMA 和 SIC 技术,每个波束可以服务于多个用户。同时,SWIPT 技术的应用也为未来无线通信网络提供了巨大的节能潜力。

本章简要介绍了基于 SWIPT 的毫米波大规模 MIMO–NOMA 系统中各个技术的基本原理,从毫米波大规模 MIMO 系统的基本特性出发,引入两种混合预编码结构,并简单介绍如何通过 NOMA 技术和 SIC 技术实现用户多址传输,以及 SWIPT 的基本原理,为系统建模提供理论支持,并为后续章节中系统物理层安全分析、安全能效分析奠定基础。

2.1　毫米波大规模 MIMO 系统

随着无线通信技术的发展,带宽作为信道本质的资源,低频频段已经无法满足未来通信宽带化、高速化的传输需求;而毫米波由于拥有丰富的频谱资源,已成为国内外学者的研究热点。毫米波频段位于微波中频率较高的部分,一般指 30 ~ 300GHz,传输特性与微波相似。根据描述自由空间电磁波传输的弗里斯传输公式可得[78]

$$P_{R} = \frac{P_{T}G_{T}G_{R}\lambda^2}{(4\pi)^2 d^2} \tag{2.1}$$

式中, P_R 、 P_T 分别为信号的接收功率和发射功率(W); G_T 、 G_R 分别为天线的发射增益和接收增益；λ 为信号波长（m）；d 为传输距离（m）。

由式（2.1）可得，在天线和传输功率不变的情况下，随着毫米波频率的升高，自由空间传输损耗增大，并且传播的过程中绕射能力减弱，相较于 1G ~ 4G 所使用的微波频段，信号传输损耗更大[62, 79]。在恶劣天气尤其是降雨时毫米波衰减较大，但对沙尘和烟雾具有很强的穿透能力。另外，毫米波波束较窄，具有良好的方向性，因此具有较高的安全保密性。

4G 蜂窝网络一般采用全向微波传输模式[80]，基站同时向所有方向发射信号，在基站覆盖范围内的所有用户都可以同时接收信号。但是，当基站采用毫米波时，由于毫米波信号在传输中会产生较大的路径损耗，因此采用全向传输的控制信道时基站仅能够覆盖一个较小的区域，如图 2.1 所示。另外，由于毫米波波长较短，因此在基站或移动终端有限的物理尺寸内可以配置较多天线，通过多天线或大规模天线能够形成高增益方向波束，以增加毫米波信号的传输距离，扩大覆盖区域[81]。尽管有研究提出控制信道采用微波，而数据传输采用毫米波，但是由于微波和毫米波的传输特点不同，控制信道阶段所估计出的信道特点并不能用于数据传输阶段。因此，可以采用波束成形技术产生高增益方向性的毫米波波束，即基站每次仅仅向某一个特定方向发射信号，通过多次形成不同方向的波束来完成对整个区域的覆盖。

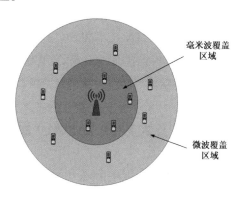

毫米波覆盖区域

微波覆盖区域

图 2.1 毫米波 / 微波覆盖区域

波束成形技术是指通过调整各天线的相位，使得天线阵列在特定方向上的发射、接收信号相干叠加，达到远距离传输的目的。图 2.2 所示为均匀线性阵列（uniform linear array，ULA）天线模型，假设通信终端与天线之间的距离远大于天线间隔 d，按照远场假设理论，可认为电磁波是以平行方式传输的。假设电磁波方向与天线阵列夹角为 θ，则相邻天线之间的传播路径差为 $d\sin\theta$，信道响应的相位变化为 $2\pi d\sin\theta / \lambda$。假设第一根天线的信道响应为 1，共有 M 根天线，

则发送天线相位响应为

$$\alpha(\theta)=\frac{1}{\sqrt{M}}\Big[1,\mathrm{e}^{-\mathrm{j}2\pi d\sin\theta/\lambda},\cdots,\mathrm{e}^{-\mathrm{j}2\pi(M-1)d\sin\theta/\lambda}\Big] \tag{2.2}$$

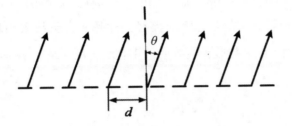

图 2.2　均匀线性阵列天线模型

均匀线性阵列天线模型同样可以扩展为均匀平面阵列（uniform planar array，UPA）天线模型，如图 2.3 所示。一个 $N_{\mathrm{t}}^{\mathrm{v}} \times N_{\mathrm{t}}^{\mathrm{h}}$ 天线阵列均匀配置在 yOz 平面上，假设方位角为 φ，俯仰角为 θ，天线间水平间隔与垂直间隔相等，记为 $d_{\mathrm{v}}=d_{\mathrm{h}}=\lambda/2$，则发送天线相位响应为

$$\begin{aligned}\alpha(\varphi,\theta)=&\frac{1}{\sqrt{N_{\mathrm{t}}^{\mathrm{h}}}}\Big[1,\mathrm{e}^{-\mathrm{j}2\pi\sin\theta\sin\varphi d_{\mathrm{h}}/\lambda},\cdots,\mathrm{e}^{-\mathrm{j}2\pi(N_{\mathrm{t}}^{\mathrm{h}}-1)\sin\theta\sin\varphi d_{\mathrm{h}}/\lambda}\Big]\\&\otimes\frac{1}{\sqrt{N_{\mathrm{t}}^{\mathrm{v}}}}\Big[1,\mathrm{e}^{-\mathrm{j}2\pi\cos\theta d_{\mathrm{v}}/\lambda},\cdots,\mathrm{e}^{-\mathrm{j}2\pi(N_{\mathrm{t}}^{\mathrm{v}}-1)\cos\theta d_{\mathrm{v}}/\lambda}\Big]\end{aligned} \tag{2.3}$$

式中，$\otimes$ 为克罗内克 Kronecker 乘积。

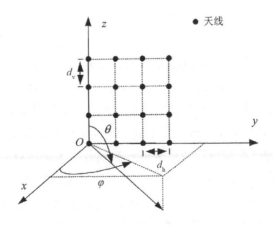

图 2.3　均匀平面阵列天线模型

根据天线收发互易性和式（2.3），可得接收天线的信道响应，在此不再赘述。

毫米波在自由空间内传输会产生多径效应，信号传输时从基站到用户的空间链路可近似为一条直射径（视距径）和几条反射或散射径（非视距径）的叠加。针对毫米波信道子时域和空间域上的稀疏性，根据不同路径建立几何信道模型，对毫米波信道进行分析。本书采用经典的毫米波 Saleh–Valenzuela 信道模型[82–83]，假设信号由基站经过 N_L 条路径到达用户，天线采用均匀平面阵列，N_t、N_r 分别为发射天线和接收天线数量，其中 $N_t = N_t^v \times N_t^h$，$N_r = N_r^v \times N_r^h$，则信道矩阵可表示为

$$H = \sqrt{\frac{N_t N_r}{N_L}} \sum_{l=1}^{N_L} \alpha_l \boldsymbol{a}_r(\varphi_l^r, \theta_l^r) \boldsymbol{a}_t(\varphi_l^t, \theta_l^t)^H \qquad (2.4)$$

式中，α_l 为第 l 条传输路径的复增益；$\boldsymbol{a}_r(\varphi_l^r, \theta_l^r)$、$\boldsymbol{a}_t(\varphi_l^t, \theta_l^t)$ 分别为收发天线响应矢量；φ_l^r、θ_l^r、φ_l^t、$\theta_l^t \in [0, 2\pi)$ 分别为第 l 条路径在水平和垂直方向上的到达角和离开角。

由此可以得出毫米波大规模 MIMO 系统的信道模型。

2.2　预编码技术

预编码技术是指在下行链路中已知 CSI 时，发送端对发送信号进行预处理，减小不同用户和不同天线之间的干扰，并将信号的功率主瓣集中到目标用户上，提高接收端的信噪比，获得较大的系统容量。预编码可以分为模拟预编码、数字预编码和混合模拟/数字预编码 3 种类型。

模拟预编码技术可通过调节天线相位实现波束成形，若是毫米波大规模 MIMO 系统的天线数很多，可以将多根天线同时连到一条射频链上，以降低系统硬件开销，且计算复杂度也会降低。在传统低频 MIMO 系统中，数字预编码是一种被广泛应用的预编码方案[84]，虽然这些方案可以达到较高的频谱利用率，但通常需要较高的硬件成本和计算复杂度，尤其是每根天线需要一条专用的射频链，对大规模 MIMO 系统将造成巨额的能源损耗。为解决这一问题，有研究者提出一种混合预编码技术，对模拟预编码器和数字预编码器两部分进行融合。其中，模拟预编码部分采用模拟移相器电路减少射频链路，并实现天线的阵列增益；数字预编码部分采用数字预编码算法抵消用户间的干扰。

2.2.1 模拟预编码

模拟预编码技术即 2.1 节所述的模拟波束成形，通过调节发射天线的移相器控制天线的辐射角度，使其功率主瓣指向用户。当基站已知或未知用户 CSI 时，将采用不同的模拟预编码方法。

1. 基于用户 CSI 的模拟预编码

考虑单用户大规模 MIMO 系统，基站已知用户 CSI，接收端和发送端均配备射频链，分别配置 N_t 根发射天线和 N_r 根接收天线，天线端连接移相器，实现波束成形，如图 2.4 所示。

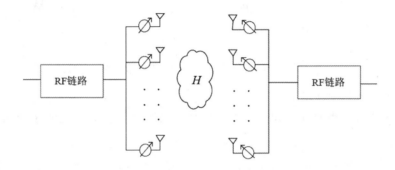

图 2.4 单用户大规模 MIMO 系统

假设 $\boldsymbol{H}$ 是维度为 $N_t \times N_r$ 的信道矩阵，$\boldsymbol{A}$ 是维度为 $N_t \times 1$ 的基站端模拟预编码矩阵，$\boldsymbol{B}$ 是维度为 $N_r \times 1$ 的用户端模拟预编码矩阵。当 $\boldsymbol{A}$、$\boldsymbol{B}$ 为信道矩阵 $\boldsymbol{H} = \boldsymbol{U} \sum \boldsymbol{V}$ 做奇异值分解后对应的值 $\boldsymbol{U}$、$\boldsymbol{V}$ 时，可以得到最大的阵列增益，得到最优解。当不为 $\boldsymbol{U}$、$\boldsymbol{V}$ 时，可以建立接收端信噪比最大化问题：

$$\underset{A^{\text{opt}}, B^{\text{pot}}}{\arg\max} \| \boldsymbol{B}^{\text{H}} \boldsymbol{H} \boldsymbol{A} \|^2$$

$$\text{s.t. } b_i = \frac{1}{\sqrt{N_r}} \mathrm{e}^{\mathrm{j}\varphi_i}, \forall i \qquad (2.5)$$

$$a_l = \frac{1}{\sqrt{N_t}} \mathrm{e}^{\mathrm{j}\phi_l}, \forall l$$

优化 $\boldsymbol{A}$、$\boldsymbol{B}$，可得如下混合预编码矩阵：

$$\boldsymbol{A} = \boldsymbol{\alpha}_t(\varphi_k^t, \theta_k^t), \boldsymbol{B} = \boldsymbol{\alpha}_r(\varphi_k^r, \theta_k^r)$$

$$k = \underset{l}{\arg\max} |a_l| \qquad (2.6)$$

式中，$a_r(\varphi_k^r,\theta_k^r)$、$a_t(\varphi_k^t,\theta_k^t)$分别为收发天线响应矢量；$a_l$为第$l$条路径的复增益。

优化求解的物理意义为基站和用户的波束互相进行匹配，使之达到波束同向或近似的目的。图 2.5（a）所示为单天线用户系统，当用户端只有一根天线时，无法形成波束，此时仅有基站发送端波束指向用户；图 2.5（b）所示为多天线用户系统，当基站与用户均为多天线时，可实现波束匹配。

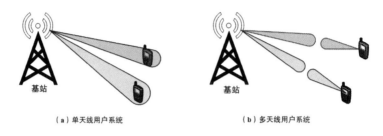

（a）单天线用户系统 （b）多天线用户系统

图 2.5　基于用户 CSI 的模拟波束成形

2. 基于码本的模拟预编码

当基站对用户 CSI 未知时，无法得到信道矩阵 $\boldsymbol{H}$，此时需要基站和用户进行空间采样，通过设计好的码本控制移相器形成相应波束，而后进行波束训练，联合搜寻最优的波束对。其原理如图 2.6 所示，基站通过码本按照时间顺序生成各个方向上的波束，通过多次扫描完成整个区域的覆盖。除了上述的移相器方案外，还可以通过开关天线形成不同方向的波束。这种基于天线选择的方案相比基于相移的方案可进一步降低硬件成本和功耗，但会带来以下问题：①发射增益各不相同；②性能差于相移的预编码方案；③需要较为复杂的算法对天线进行开关选择，选择算法的复杂度会随着天线数量的增加呈指数增长[85]。

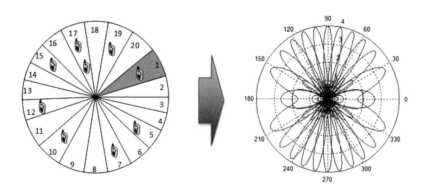

图 2.6　码本设计

通过码本设计波束配对的机制很多，较常用的是一种分层码本配对方案[69, 86]。

首先，基站通过码本随机向区域内的用户发送训练数据，用户从中得到最优的发射波束方向；接着用户通过码本向基站发送随机波束，基站从中确定最优的波束方向；最后双方互相反馈最优的波束，选择信息，完成训练。

基站覆盖范围和波束扫描的时间开销是码本设计的主要问题。基站覆盖范围决定用户终端的接入数量和服务质量，对数据传输非常重要，联合基站覆盖和波束扫描时间开销，既使波束扫描时间最小，同时又使基站覆盖区域尽可能大。另外，由于毫米波对小尺度衰落敏感性较大，基站需要对覆盖区域进行多次扫描，不断更新信道等信息。但是，在覆盖区域内进行多次重复扫描一方面增加了时间开销，另一方面浪费能量资源。因此，如何减少扫描次数，同时保证覆盖到所有用户是码本设计需要研究的问题。

综上所述，模拟预编码无须为每根发射天线配置射频链，在大大降低硬件成本的同时，也减少了系统功耗；但其不论是采用移相器的相移方案还是采用天线选择方案，均缺乏对信号幅度的调节，所以性能普遍没有数字预编码方案好。

2.2.2　数字预编码

数字预编码是指发送端通过射频链路对发送信号的幅度和相位进行联合调制，在多址通信中消除信号间的干扰，获得多路复用增益。数字预编码要求每根天线均配置一条射频链，以较高的硬件和功耗开销换取系统性能，如图 2.7 所示。

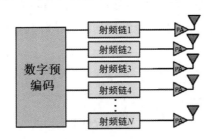

图 2.7　数字预编码结构

数字预编码可分为传统的线性预编码，如最大比率传输（maximum ratio transmission，MRT）、迫零（zero-forcing，ZF）、最小均方误差（minimum mean square error，MMSE）等算法，以及非线性预编码，如脏纸编码（dirty paper coding，DPC）、汤姆林森原岛预编码（tomlinson harashima，TH）等算法。相较于线性算法，非线性算法复杂度较高，并且计算复杂度会随着天线数增加而快速增加。此外，文献［87］研究发现，采用低复杂度的线性预编码与非线性预编码性能相差很小，因此毫米波大规模 MIMO 系统中一般采用线性预编码。下面介绍几种线性预编码算法。

1. MRT 预编码

MRT 预编码又称为匹配滤波（matched filtering，MF）预编码，其原理是最大化接收方信噪比。其预编码矩阵和接收端信号分别为

$$F_{\mathrm{MRT}} = \sqrt{\frac{N_{\mathrm{r}}}{\mathrm{tr}(HH^{\mathrm{H}})}} H^{\mathrm{H}} \tag{2.7}$$

$$y = \frac{HH^{\mathrm{H}}}{N_{\mathrm{t}}} s + n \sqrt{\frac{N_{\mathrm{r}}}{\mathrm{tr}(HH^{\mathrm{H}})}} \tag{2.8}$$

式中，n 为信道噪声。

MRT 预编码的主要目的是最大化接收方的信号增益，但其未考虑多用户情况下其他用户的干扰，仅适用于单用户场景或多用户信道相关度较低的场景。当信道相关度较高时，其他用户干扰不可忽视，信干噪比（signal to interference plus noise ratio，SINR）急剧下降。另外，在大规模 MIMO 系统下，天线数增加使得信道矩阵 H 中的信道矢量趋于正交，该方案性能逐渐显现，因此 MRT 预编码更适用于天线较多的场景[88]。

2. ZF 预编码

MRT 预编码的工作原理主要在消除噪声干扰，忽略了多用户干扰。ZF 算法与 MRT 算法相反，其是在不考虑噪声的基础上，消除多用户干扰。ZF 预编码通过求信道矩阵的伪逆，使得发射信号经过信道后消除其他用户的干扰。其预编码矩阵和接收信号分别为

$$\begin{aligned} F_{\mathrm{ZF}} &= \beta_{\mathrm{ZF}} \bar{F}_{\mathrm{ZF}} \\ \beta_{\mathrm{ZF}} &= \sqrt{\frac{N_{\mathrm{r}}}{\mathrm{tr}(HH^{\mathrm{H}})}} \\ \bar{F}_{\mathrm{ZF}} &= H^{\mathrm{H}}(HH^{\mathrm{H}})^{-1} \end{aligned} \tag{2.9}$$

$$\begin{aligned} y &= HF_{\mathrm{ZF}}s + n \\ &= \beta_{\mathrm{ZF}} HH^{\mathrm{H}}(HH^{\mathrm{H}})^{-1} s + n \\ &= \beta_{\mathrm{ZF}} s + n \end{aligned} \tag{2.10}$$

式中，β_{ZF} 为缩放因子；$\bar{F}_{\mathrm{ZF}}$ 为信道矩阵 H 的伪逆矩阵；n 为信道等效噪声。

ZF 预编码可以消除用户间的干扰，在信噪比较高的区域，可达到很好的系统性能；但在信噪比较低的区域，由于其未考虑系统噪声和缩放因子的影响，在信号

接收时会使信道噪声进一步扩大，导致系统性能严重下降[89]。另外，ZF 预编码需要对信道矩阵 $\boldsymbol{H}$ 求伪逆运算，运算量会随用户增加而增大，因此该方案适用于用户较少的场景。

3. MMSE 预编码

从以上分析可得，MRT 预编码与 ZF 预编码一个是针对信道噪声，一个是针对用户间干扰进行设计，应用场景均有局限性。MMSE 预编码的核心思想是使接收信号与传输信号间均方误差最小，兼顾抑制噪声和消除用户干扰[90]。优化问题如下：

$$\min E\left\{\left\|\frac{1}{\beta_{\mathrm{MMSE}}}(\boldsymbol{HF}_{\mathrm{MMSE}}\boldsymbol{s}+\boldsymbol{n})-\boldsymbol{s}\right\|^2\right\} \tag{2.11}$$
$$\mathrm{s.t.}E\left\{\|\boldsymbol{F}_{\mathrm{MMSE}}\boldsymbol{s}\|^2\right\}=\frac{1}{N_{\mathrm{r}}}$$

对其求解可得

$$\boldsymbol{F}_{\mathrm{MMSE}}=\beta_{\mathrm{MMSE}}\overline{\boldsymbol{F}}_{\mathrm{MMSE}}=\beta_{\mathrm{MMSE}}\boldsymbol{H}^{\mathrm{H}}(\boldsymbol{HH}^{\mathrm{H}}+\xi\boldsymbol{I})^{-1}$$
$$\beta_{\mathrm{MMSE}}=\sqrt{\frac{N_{\mathrm{r}}}{\mathrm{tr}(\overline{\boldsymbol{F}}_{\mathrm{MMSE}}\overline{\boldsymbol{F}}_{\mathrm{MMSE}}^{\mathrm{H}})}} \tag{2.12}$$
$$\xi=\frac{\sigma^2 N_{\mathrm{r}}}{\rho}$$

式中，β_{MMSE} 为缩放因子；ρ 为发射功率；σ^2 为噪声功率。

最终恢复的接收信号为

$$\boldsymbol{y}=\frac{1}{\beta_{\mathrm{MMSE}}}(\boldsymbol{HF}_{\mathrm{MMSE}}\boldsymbol{s}+\boldsymbol{n})=\frac{1}{\beta_{\mathrm{MMSE}}}(\boldsymbol{H}\beta_{\mathrm{MMSE}}(\boldsymbol{H}^{\mathrm{H}}(\boldsymbol{HH}^{\mathrm{H}}+\xi\boldsymbol{I})^{-1}\boldsymbol{s}+\boldsymbol{n}))$$
$$=\boldsymbol{HH}^{\mathrm{H}}(\boldsymbol{HH}^{\mathrm{H}}+\xi\boldsymbol{I})^{-1}\boldsymbol{s}+\frac{\boldsymbol{n}}{\beta_{\mathrm{MMSE}}} \tag{2.13}$$

MMSE 预编码综合了 ZF 预编码和 MRT 预编码的优点，当 $\xi\rightarrow 0$ 时，式（2.12）为 ZF 预编码；当 $\xi\rightarrow\infty$ 时，式（2.12）为 MRT 预编码。综上所述，MMSE 预编码有效平衡了信道噪声和用户干扰对系统性能的影响。

2.2.3　混合预编码

大规模 MIMO 系统中，数字预编码可以最大限度地实现空间分辨率，并且可以达到最优的性能。但是，这种结构需要大量的模 / 数、数 / 模转换器和大量射频 – 基带处理电路，无论是设备的成本还是基带信号处理的复杂程度都会成为巨大的负担，尤其是在高频段的毫米波，这个问题将会更加严峻。模拟预编码相较数字预编码更为经济实用，但模拟预编码只能控制发射信号的相位信息，缺乏幅度的控制，其频谱效率比数字预编码差。

近年来为解决以上所述问题，人们提出了混合数字 / 模拟预编码技术，如图2.8 所示。混合预编码结合了以上两种预编码的优点，实现了性能与功耗的平衡，在支持幅度调节和相位调节的同时，减少了射频链数。具体来说，在传统数字预编码的基础上，在天线和射频链中加入模拟预编码，通过移相器控制天线发射信号相位来完成波束成形。在完成模拟预编码后，等效信道的维度相比于天线的数量大幅减少，使得硬件成本及计算复杂度也都大大降低。相对于全数字的预编码，混合预编码在性能上稍有损失，但是在硬件成本、计算复杂度和系统功耗方面克服了全数字预编码的缺点，并且性能优于模拟预编码。因此，混合预编码在毫米波高频段及能提供更宽带宽的 MIMO 系统中的应用前景更好。

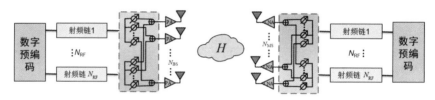

图 2.8　混合数字 / 模拟预编码系统

根据天线和射频链连接方式不同，混合预编码器可分为全连接和部分连接结构 [91–95]。全连接结构的每条射频链通过模拟预编码模块内的移相器与所有天线相连，实现全波束增益；部分连接结构中采用多个子集的形式，每条射频链通过移相器连接一部分天线。相比于数字预编码，混合预编码射频链数量大幅减少，使功耗显著改善，但牺牲了部分性能。其中，全连接结构以较高的复杂度获得了所有天线的复用增益，系统性能也接近数字预编码；部分连接结构移相器数量与天线数量相同，每条射频链连接的天线数量为 N_{TX} / N_{RF}，以牺牲系统性能换取了更少的硬件和功耗开销。

2.3　NOMA 技术

自 2G 以来，多址技术是区分各代次数字移动通信的重要标志，其主要集中在时域、频域、码域方面的研究。以 OFDM（orthogonal frequency division multiplexing，正交频分复用）为例，每个用户以正交的形式独占频率资源，利用子信道间相互正交，消除用户干扰。而 NOMA 在相同时频资源的基础上增加了一个维度——功率域，其核心思想是利用用户间不同的路径损耗实现多路复用。

2.3.1　NOMA 与 SIC 技术

NOMA 技术在发送端采用的是叠加编码（superposition coding，SC）技术，在接收端采用的是 SIC 技术。

1. 叠加编码技术

叠加编码技术最早由 Thomas Cover 教授提出[96]，他指出叠加编码理论上能够近似高斯广播信道和普通广播信道的容量。发射机能够在同一时频资源上与多个用户进行通信，其基本原理从信号角度看，是时信道条件较差的用户信号进行编码，在此基础上叠加信道条件更好的用户信号；从功率域上看，发送端采用相应的功率分配算法，给同一子信道上的用户按照 CSI 分配不同的发射功率，尤其当用户间信道差异较大或路径损耗较大时，接收端信号中包含的每个用户的功率差别较大，接收端可以根据功率大小区分自身接收信号和干扰用户信号。综上所述，不同信道条件的用户能够通过功率域的叠加实现非正交的信号传输。

2. SIC 技术

NOMA 在同一时频资源内同时承载了非正交的多个传输信号，因此造成了不同用户信号存在同频同步的多址干扰。此类型的多址干扰是一种伪随机序列信号，所幸可以根据伪随机序列信号的相关性，采用信息论中的最佳联合检测理论进行消除。此类技术即为多用户检测技术，NOMA 中采用的多用户检测技术就是 SIC。

接收端根据信号强度进行排序，采用多级解码的方式，如图 2.9 所示。首先对功率最大的用户进行优先解码，解码完成后进入下一级，从总接收信号中减去前级解码的信号，此时信号功率排第二的信号已成为此级信号序列中功率最大的信号，然后进行解码，逐级到最终信号解码完成。由此可见，①功率最大的信号拥有优先解码权，此时其他信号被视为干扰信号；②功率最弱的信号是最后解码的，没有其他信号的干扰；③虽然 NOMA 系统利用信道差异转换成了复用增益，提高了多址接入性能，但是以牺牲发射机和接收机的复杂度为代价获得的。

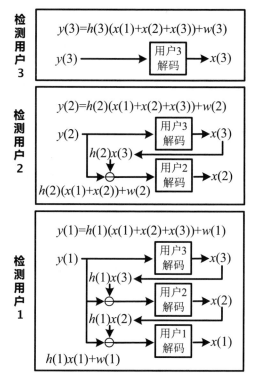

图 2.9   SIC 解码流程

2.3.2   NOMA 系统分析

对于下行 NOMA 系统，基站采用 NOMA 技术发送 2 个用户的叠加信号，在接收端使用 SIC 技术进行解码。为保障通信质量及用户公平性，其中用户 1 的信道条件较好，分配功率低；用户 2 的信道条件较差，分配功率高，具体如图 2.10 所示。

图 2.10   下行 NOMA 系统

基站通过叠加编码技术将信号发送给用户 1 和用户 2，则叠加信号为

$$x = \sqrt{P_1}x_1 + \sqrt{P_2}x_2 \tag{2.14}$$

式中，P_i 为分配给用户的功率；x_i 为发送给用户的信号，满足 $E\left(|x_i|^2\right) = 1$。

用户总发射功率约束为

$$P_1 + P_2 \leqslant P \tag{2.15}$$

则第 i 个用户接收到的信号可表示为

$$y_i = h_i x + n_i \tag{2.16}$$

式中，h_i 为信道系数；n_i 为加性高斯白噪声，$E\left(|n_i|^2\right) = N_i$。

根据图 2.9 中的 SIC 解码流程，用户 1 的信道条件强于用户 2，因此用户 2 的信号被分配了更多的功率。用户 1 在解码时，用户 1 被分配的功率更小，因此首先解码功率较强的用户 2 的信号，然后从总信号中将解码出的信号减去，即可恢复出用户 1 的信号。用户 2 在解码时，由于被分配信号更大，因此，在解码时用户 1 的信号为干扰，直接进行解码。最终两个用户接收到的信号可表示为

$$y_1 = \sqrt{P_1}h_1 x_1 + n_1 \tag{2.17}$$

$$y_2 = \sqrt{P_2}h_2 x_2 + \sqrt{P_1}h_2 x_1 + n_2 \tag{2.18}$$

可得两个用户的 SINR 为

$$\mathrm{SINR}_1 = \frac{P_1|h_1|^2}{N_1} \tag{2.19}$$

$$\mathrm{SINR}_2 = \frac{P_2|h_2|^2}{P_1|h_2|^2 + N_2} \tag{2.20}$$

根据香农公式，用户信息速率可表示为

$$R_{1,\,\mathrm{NOMA}} = \log_2\left(1 + \frac{P_1|h_1|^2}{N_1}\right) \tag{2.21}$$

$$R_{2,\mathrm{NOMA}} = \log_2\left(1 + \frac{P_2|h_2|^2}{P_1|h_2|^2 + N_2}\right) \tag{2.22}$$

对比 OMA 系统，在同样场景下，基站分别分配给用户 1 和用户 2 的带宽为 $\alpha(0 \leqslant \alpha \leqslant 1)\,\mathrm{Hz}$ 和 $(1-\alpha)\,\mathrm{Hz}$，两个用户的信息速率为

$$R_{1,\mathrm{OMA}} = \alpha\log_2\left(1 + \frac{P_1|h_1|^2}{\alpha N_1}\right) \tag{2.23}$$

$$R_{2,\text{OMA}} = (1-\alpha)\log_2\left[1 + \frac{P_2\,|h_2|^2}{(1-\alpha)N_2}\right] \tag{2.24}$$

假设 $P\,|h_1|^2/N_1$ 为 10dB，$P\,|h_2|^2/N_2$ 为 0dB，在 OMA 系统中，$\alpha = 0.5\text{Hz}$，则可得到非对称信道容量对比如图 2.11 所示。

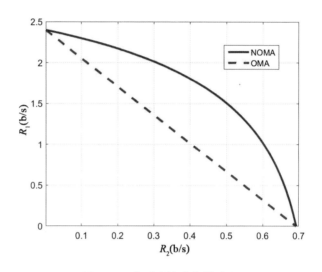

图 2.11　非对称信道容量对比

由图 2.11 可得，NOMA 系统信道容量大于 OMA 系统，虽然用户 2 的信号解码时包含用户 1 的干扰，但是 NOMA 系统并没有像 OMA 系统那样对时频资源进行切割，NOMA 用户分配的时频资源是全域内的，所以可以提供更高的系统吞吐量；另外，信道较差的用户被分配了更多功率，用户公平性更优。

2.3.3　大规模 MIMO-NOMA 系统

MIMO 技术提供了空间域的维度，NOMA 技术提供了功率域的维度，MIMO-NOMA 技术融合了两种技术的特点，进一步提升了系统的频谱效率。在大规模 MIMO-NOMA 场景下，信道由单输入单输出（single input single output, SISO）系统的标量变为矩阵形式，如果将所有信号在同一时频资源内叠加，会存在很强的干扰，并且根据 CSI 对用户进行功率分配排序时会面临很大挑战。结合 2.2.3 小节中提到的混合预编码技术，可将用户分为多个簇的形式，簇内用户占用相同的时频资源，利用 NOMA 技术进行多址传输，簇间用户占用不同的时域、频域或码域资源，每个簇采用波束成形的形式，可以进行有效传输。大规模

MIMO–NOMA 系统用户分簇系统模型如图 2.12 所示。用户被分成了多个簇，每个簇中包含多个用户，基站根据 CSI 对用户进行分簇，并设计模拟预编码形成波束，每个波束服务一个簇内的用户，不同簇之间采用数字预编码消除相互间的干扰。对于簇内用户间的干扰，虽然其共享了相同的预编码，但每个用户 CSI 之间存在差异，可以采用 NOMA 和 SIC 技术实现多址传输。

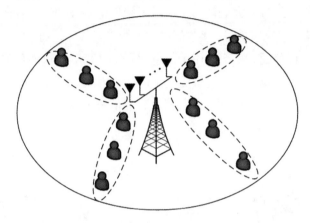

图 2.12　大规模 MIMO–NOMA 系统用户分簇系统模型

该系统的主要问题是分簇方法决定了簇间干扰的大小，影响用户 SINR，因此如何对用户分簇是一个值得研究的问题。目前大多文献是按照 CSI 相位信息对用户进行分簇，基本原理是基站将具有近似相位信息的用户，即归一化信道相关性较大的用户分为一簇，同簇的用户具有相近的物理方位 [40, 97–99]。除此以外，文献 [100，101] 提出了组间 NOMA 联合群体串行干扰消除（group successive interference cancellation, GSIC）技术，其核心思想是根据 CSI 的幅度信息对用户进行分组，即同一组内的用户与基站间的路径损耗相近。传输时组间采用 NOMA 技术，组内采用空分多址或其他 OMA 技术。接收时采用 GSIC 技术，把一群用户作为一个整体，通过对群体进行排序，顺序地对群体用户进行解调和干扰删除。

除了分簇方法影响系统性能之外，针对不同场景，用户的功率分配算法也是一个值得研究的问题，具体算法将在本书后续章节中展开介绍。

2.4　SWIPT 技术

SWIPT 是将无线能量传输（wireless power transfer, WPT）与无线信息传输（wireless information transmission, WIT）相结合的一种新型无线通信技术。与传

统无线通信仅仅传输信息不同，SWIPT 不仅可以传播信息类信号，还可以向接收设备传输能量信号。接收设备装备有能量采集单元，能量信号被接收后，经过能量采集电路可以将传输的信号能量储存在自身的电池中，以此补充无线设备信息交互和电路损耗的能量。

图 2.13 所示为无线携能通信传输。一般情况下，在基站发送端内置功率放大器，将需要发送的信号经过放大处理后，通过天线以电磁波的形式发送，发送的电磁波信号既携带信息又携带能量；接收端通过天线采集信号，通过一个功率分配装置将采集的功率进行分配，一部分用于信息解码，一部分通过能量采集单元将能量储存在蓄电池中，实现信息和能量的同步传输。因此，SWIPT 过程主要分为两个部分：①无线能量的传输与接收；②将接收到的信号进行功率分配的设计及优化。

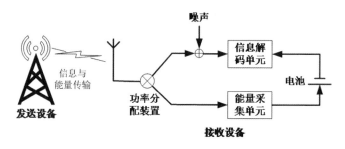

图 2.13　无线携能通信传输

2.4.1　无线能量传输

无线信息传输实际上是一种能量传输的过程，接收设备可以对其进行接收、采集并加以利用，以提升电池的续航和待机能力。目前，具体能量传输技术主要分为 3 种：电磁感应方式、电磁耦合共振方式和基于微波或光波的远场辐射方式[102–105]。

1.电磁感应方式

电磁感应方式主要应用于短距离传输，系统由能量发送端和能量接收端两部分组成，两部分能量传递靠其装配的无接触初级变换器和次级变换器实现，如图 2.14 所示。其中，发送端的发射线圈与接收端的接收线圈通过电磁感应的方式传输能量，发送端产生交变电流时，通过初级变换器产生一个交变磁场。接收端次级变换器处于交变磁场中，变化磁场产生交变电流，产生感应电动势，最终实现电能—磁能—电能的传输。

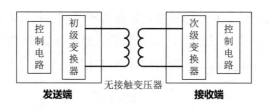

图 2.14　电磁感应方式

这种方式实现简单，成本低，但不适宜远距离传输，当距离较远时，能量损耗较大，接收端接收的能量信号微乎其微。另外，当发送端相位和频率发生变化时，也会造成接收端较大的相偏和频偏。因此，在高速移动场景和远距离传输时，该方式并不适用。

2. 电磁耦合共振方式

电磁耦合共振方式传输距离较电磁感应方式更远，最多可达几米，采用的是电磁场的近场理论，传输模型如图 2.15 所示。发送端由振荡器、功率放大器和阻抗匹配单元组成；接收端由整流电路、限流电路和负载组成。发送信号时，振荡器产生高频电流，经放大和阻抗匹配在发射线圈上形成非辐射磁场，接收端匹配固有频率的接收线圈形成同频共振，产生相应电流，再经过整流、限流处理输送给负载或蓄电池储能。

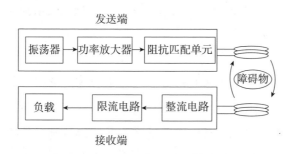

图 2.15　电磁耦合共振方式

实现这一方案的关键是两个振荡电路的非辐射耦合，区别于一般的远场效应，能量信号的衰减取决于耦合效应的大小，未被接收端吸收的能量会在发送端自行消化，因此其产生的磁场对其他电子装置干扰很小，并且对生物辐射较小，更为安全。

3. 基于微波或光波的远场辐射方式

基于微波或光波的远场辐射方式可实现几千米的远距离传输，其能量信号的频段主要在微波频段甚至是激光。如图 2.16 所示，其发送端由直流模块和微波功率发送器组成；接收端由整流天线和直流负载组成。其原理不同于以上两种方式，在系统终端采用的是直流形式进行能量传输，直流模块产生直流电，通过微波功率源将直流电转换成微波形式，由天线定向发送至接收端；接收端将接收的能量信号整流为直流电，再对直流负载或蓄电池供电。

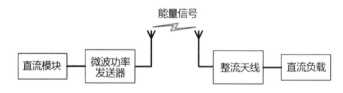

图 2.16　基于微波或光波的远场辐射方式

其关键技术是发送频率高、定向性强的微波或光波，由于微波频率较高，透射性较强，因此在大气中传输时损耗较小；但其容易受天气影响，湿度越大传输损耗越大，效率降低，尤其是在毫米波频段尤为明显。

2.4.2　无线能量采集

针对单天线接收设备，接收端如何同步实现信息解码与能量采集是 SWIPT 研究的主要问题。根据功率分配装置的不同，SWIPT 可分为功率分割（power splitting，PS）型和时间分割（time splitting，TS）型接收结构。

1. PS 型接收结构

图 2.17 为 PS 型接收结构。其中，接收天线后装配一个功率分裂器，其主要作用是将每个信号分割成两股符号流。假设分配的 PS 因子为 $\alpha(0 \leqslant \alpha \leqslant 1)$，意味着 α 比例的符号流用于信息解码，另外 $1-\alpha$ 比例用于能量采集。信号接收时，接收设备可以根据 CSI 对 α 实行动态调节，以达到对系统功率资源优化分配的目的，平衡信息传输与系统功耗的关系，进一步提高系统性能，实现绿色通信。

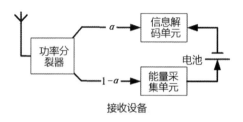

图 2.17　PS 型接收结构

2. TS 型接收结构

TS 型接收结构如图 2.18 所示。与 PS 型不同的是，其功率分配装置由一个双向触点的开关组成，以时隙为单位在信息解码电路和能量采集电路间切换。在信息传输时，将开关置于信息解码端；在无须信息传输时，开关置于能量采集端。其中，假设 TS 因子为 β（$0 \leqslant \beta \leqslant 1$），那么可将一个信号传输时间切割为 βT 和 $(1-\beta)T$ 两个时段，分别用于信息解码和能量采集。与 PS 型接收结构不同的是，β 因子的调节受到通信系统时间分配的限制，不能随意进行切换，因此在传输速率和系统功耗之间并不能达到较好的权衡。

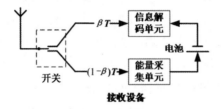

图 2.18　TS 型接收结构

对于两种结构，信息解码和能量采集功率分配大小取决于因子 α 和 β。将因子作为优化参数考虑，以 PS 型 MISO 系统为例，其经功率分配后信息解码和能量采集的信号可表示为

$$y_{ID} = \sqrt{\alpha}(\boldsymbol{h}^H \boldsymbol{w} s + n) + z \tag{2.25}$$

$$y_{EH} = \sqrt{1-\alpha}(\boldsymbol{h}^H \boldsymbol{w} s + n) \tag{2.26}$$

式中，$\boldsymbol{h}$ 为 CSI；$\boldsymbol{w}$ 为信道编码；s 为能量为 1 的发送信号；n 和 z 分别为信道噪声和功率分裂器产生的热噪声。

假设其功率分别为 σ_n^2 和 σ_z^2，则最大传输速率为

$$R = \log\left(1 + \frac{\alpha |\boldsymbol{h}^H \boldsymbol{w}|^2}{\alpha \sigma_n^2 + \sigma_z^2}\right) \tag{2.27}$$

收集的能量为

$$E = \eta(1-\alpha)(|\boldsymbol{h}^H \boldsymbol{w}|^2 + \sigma_n^2), \eta \in (0,1] \tag{2.28}$$

式中，η 为能量采集单元的转换效率。

由式（2.27）和式（2.28）可见，优化功率分配因子 α 使系统速率和收集能量达到有效平衡是一个值得研究的问题。

另外，对于多天线的接收设备，可以取消功率分配装置，原理是将接收天线分为两部分，其中一部分用于信息解码，另一部分用于能量采集。区别于单天线系统，其不需要考虑 PS 型接收结构复杂的功率分裂算法及配套的硬件成本，也不需要考虑 TS 型接收结构的时间同步问题，信息解码与能量采集相当于接收设备中两个独立的结构。

2.5 RIS 技术

高频段毫米波很容易在城市环境中被高楼等障碍物阻挡，导致通信服务中断。针对此问题，近年来提出的 RIS 技术被认为是一种很好的解决方案。具体来说，RIS 是由大量可重构无源元件构成的平面阵列，每个元件都可以调节入射信号的幅度和相位，并对其进行反射，为提高系统性能提供了空间自由度。

图 2.19 为典型的 RIS 硬件结构，可以看出 RIS 由三层二维面板和 RIS 控制器组成。其中，最外层的可编程超表面由介电基板和其表面的反射单元组成，其作用是接收并反射入射信号；中间层的铜隔离板可防止入射信号的能量泄漏；最里层的控制电路板连接到 RIS 控制器，由 RIS 控制器控制每个反射单元的反射幅度和相位，实现对无线电信号传播环境的重新配置。

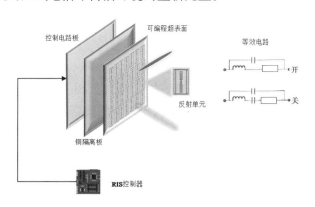

图 2.19 RIS 硬件结构

从图 2.19 中可以发现，每一个反射单元都嵌入了 PIN 二极管，通过控制二极管上的直流电压对反射单元的两种状态——"开"和"关"进行控制，实现对反射单元上信号相位从 0 到 π 的反转，从而实现对入射信号的相位控制。如果想要进一步实现更小相位的控制，需要添加 PIN 二极管和可变电容的数量。另外，为有效控制入射信号的幅度，可在元件设计中添加滑动电阻，通过改变元件的电阻值，从而实现对入射信号的幅度控制[106]。

图 2.20 所示为一种视距链路被中断的 RIS 辅助下行 NOMA 传输系统模型。从图 2.20 中可以看出，由于基站和用户之间存在障碍物，导致毫米波通信被中断。通过引入 RIS 辅助，重构了基站和用户之间的传输链路，增大了毫米波通信的覆盖范围。同时，RIS 制作简单，可以很方便地在室内、室外等场所安装。另外，RIS 工作过程不需要高能耗射频链，与现有的有源天线阵列相比，其硬件实现成本及耗电量较低[107]。因此，在无线通信网络中部署 RIS，通过优化 RIS 反射单元，能有效提升系统谱效。

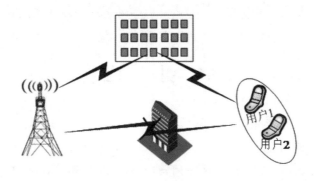

图 2.20　视距链路被中断的 RIS 辅助下行 NOMA 传输系统模型

本 章 小 结

本章简要介绍了基于 SWIPT 的毫米波大规模 MIMO-NOMA 系统中各个模块的基本原理，从毫米波大规模 MIMO 系统的基本特性出发，引入全连接和部分连接两种混合预编码结构，并简单介绍了如何通过 NOMA 技术、SIC 技术实现用户多址传输；最后介绍了 SWIPT 的基本原理，为系统建模提供了理论依据。第 3 章将在本章的基础上，对毫米波大规模 MIMO-NOMA 系统建模，并对系统的能效进行分析。

第3章 毫米波大规模 MIMO-NOMA 系统能效研究

3.1 引　言

毫米波通信具有丰富的频谱资源，并且有利于大规模天线的集成部署，而大规模天线能够弥补毫米波的路径损耗，因此毫米波大规模 MIMO 已作为未来无线通信中的关键技术之一。为节约能耗，毫米波大规模 MIMO 系统采用稀疏射频链天线结构，但稀疏射频链天线结构导致系统可支持用户降低，为进一步提高频谱效率，在毫米波大规模 MIMO 系统中引入 NOMA 技术成为当前研究热点 [108,109]。与传统 OMA 相比，NOMA 能显著提高频谱效率[110]。利用 NOMA 技术，每个波束可以支持多个用户，这与传统毫米波大规模 MIMO 在同一时频资源下使用一束波束只服务于单用户有本质区别。因此，研究毫米波大规模 MIMO-NOMA 系统具有重要的实际意义。尽管文献［69-73］对毫米波大规模 MIMO-NOMA 系统有了一定的研究，但都是基于高能耗高分辨的移相器调制网络或者低功耗低分辨的开关反相器调制网络，前者导致较大的能量消耗，后者造成较大的频谱资源损失。文献［111，112］提出一种基于简单的开关控制实现连续相位调制网络，其硬件实现简单，功耗低；而后文献［113］将该连续相位调制网络引入毫米波大规模 MIMO 传输系统中，研究了混合预编码设计问题，但其在基于 NOMA 的毫米波大规模 MIMO 通信中的研究尚未开展。

在第 2 章关于毫米波技术及相关理论的基础上，本章将基于连续相位调制的混合预编码应用于毫米波大规模 MIMO-NOMA 系统，研究系统绿色通信问题，包括用户分组、混合波束设计和功率分配。为平衡系统的频谱效率和能量效率，对射频链和天线采用了分组连接结构。首先，根据用户信道状态信息对用户进行优化分组；其次，为保证系统性能的同时降低算法复杂度，本章分为两个阶段进行：混合预编码设计和功率分配优化设计；最后，构建了一个在用户服务质量和系统总功率约束下的能效最大化问题，针对所形成的问题，提出一种基于 Dinkelbach 的两层迭代优化算法进行求解，仿真结果表明了所提算法的有效性。

3.2　毫米波大规模 MIMO–NOMA 系统模型

基于连续相位调制的下行毫米波大规模 MIMO–NOMA 系统模型如图 3.1 所示。将射频链和天线进行分组，每一组中的射频链通过开关和延迟线组成连续相位调制网络连接到一组部分天线阵列。

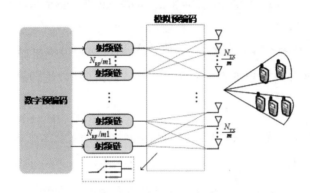

图 3.1　基于连续相位调制的下行毫米波大规模 MIMO–NOMA 系统模型

假设基站配备 N_{TX} 根发射天线和 N_{RF} 条射频链路，$K(K \geq N_{\text{RF}})$ 个单天线用户随机分布在基站覆盖范围内。为了充分利用系统的复用增益，假设波束数 G 等于射频链数量 N_{RF}。将 K 个用户分为 G 个簇，定义每个簇的用户集合为 $C_g(g=1, \cdots, G)$，且 $C_g \geq 1$。设第 g 个簇中第 k 个用户记为用户 (g, k)，簇间用户采用模拟预编码和数字预编码减少干扰，簇内用户采用 NOMA 技术进行多址传输，则用户 (g, k) 的接收信号为

$$y_{g,k} = \underbrace{\boldsymbol{h}_{g,k}^{\text{T}} \boldsymbol{A} \boldsymbol{d}_g \sqrt{p_{g,k}} s_{g,k}}_{\text{期望信号}}$$

$$+ \underbrace{\boldsymbol{h}_{g,k}^{\text{T}} \boldsymbol{A} \sum_{i \neq g}^{G} \sum_{j=1}^{C_i} \boldsymbol{d}_i \sqrt{p_{i,j}} s_{i,j}}_{\text{波束间干扰}} \qquad (3.1)$$

$$+ \underbrace{\boldsymbol{h}_{g,k}^{\text{T}} \boldsymbol{A} \boldsymbol{d}_g \sum_{j=1}^{k-1} \sqrt{p_{g,j}} s_{g,j} + \boldsymbol{h}_{g,k}^{\text{T}} \boldsymbol{A} \boldsymbol{d}_g \sum_{j=k+1}^{C_g} \sqrt{p_{g,j}} s_{g,j}}_{\text{波束内干扰}} + \underbrace{n_{g,k}}_{\text{噪声}}$$

式中，$s_{g,k}$ 和 $p_{g,k}$ 分别为基站为用户 (g,k) 发射的信号和功率；$n_{g,k}$ 为均值为 0，方

差为 σ^2 的高斯白噪声；$A \in \mathbb{C}^{N_{TX} \times N_{RF}}$ 为模拟波束矩阵；$\boldsymbol{d}_g \in \mathbb{C}^{N_{RF} \times 1}$ 为第 g 个波束对应的数字预编码向量；$\boldsymbol{h}_{g,k} \in \mathbb{C}^{N_{TX} \times 1}$ 为基站和用户（g，k）之间的信道向量。

由于发射功率已经从混合模拟数字预编码中分离出来，因此对于每一个波束，均须满足 $\| A\boldsymbol{d}_g \|_2^2 = 1$ 的单位功率约束。

考虑到毫米波信道的稀疏特性，本书采用广泛应用的毫米波信道模型[82,83]。毫米波 MIMO 信道模型可表示为

$$\boldsymbol{h}_{g,k} = \sqrt{\frac{N}{L}} \sum_{l=1}^{L} \alpha_{g,m}^l \boldsymbol{a}(\ell_{g,m}^l, \phi_{g,m}^l) \qquad (3.2)$$

式中，L 为路径数量；$\alpha_{g,m}^l$ 为第 l 个传播路径的复增益；$\ell_{g,m}^l$ 和 $\phi_{g,m}^l$ 分别为第 l 个传播路径的水平方向角和垂直方向角，且服从均匀分布 $U[0, 2\pi]$；$\boldsymbol{a}(\ell_{g,m}^l, \phi_{g,m}^l)$ 为大小为 $N_{TX} \times 1$ 的方向向量。

采用均匀平面阵列天线，假设 N_v 和 N_h 分别代表天线水平和垂直的行列数，有 $N_{TX} = N_v N_h$，则

$$\boldsymbol{a}(\varphi, \theta) = \boldsymbol{a}_{az}(\varphi) \otimes \boldsymbol{a}_{el}(\theta) \qquad (3.3)$$

$$\boldsymbol{a}_{az}(\varphi) = \frac{1}{\sqrt{N_v}} \left[e^{j2\pi i (d_v / \lambda) \sin(\varphi)} \right]_{i \in J(N_v)} \qquad (3.4)$$

$$\boldsymbol{a}_{el}(\varphi) = \frac{1}{\sqrt{N_h}} \left[e^{j2\pi j (d_h / \lambda) \sin(\theta)} \right]_{i \in J(N_h)} \qquad (3.5)$$

式中，λ 为信号波长；d_v 为水平天线间距；d_h 为垂直天线间距。

3.3 用户分组

为充分利用 NOMA 传输技术的特性，要尽可能提高同一簇中用户信道的相关性，同时降低不同簇中用户的相关性。受无监督机器学习 K-means 聚类算法启发[114]，本书采用改进 K-means 聚类算法用于用户分组，并选出每一个簇中的簇头用户。用户 k_1 和 k_2 之间的归一化信道相关性定义为

$$\text{Corr}_{k_1, k_2} = \frac{| \boldsymbol{h}_{k_1}^{T} \boldsymbol{h}_{k_2} |}{\| \boldsymbol{h}_{k_1}^{T} \|_2 \| \boldsymbol{h}_{k_2} \|_2} \qquad (3.6)$$

　　不同于 K-means 聚类算法随机生成簇头集合，改进的 K-means 通过最小化簇头之间的相关性进行选择。具体来说，首先选择最强用户作为第一个簇头，之后与第一个簇头的相关性越低，就越有可能被选为第二个簇头，直到选择 G 个簇头。值得注意的是，分组数目 G 对系统中的干扰非常重要，分组越多，每组中非正交用户就越少，干扰越小。但是，最大分组数目 G 一般不超过射频链数目，否则组间干扰会非常大。因此，为最大程度降低 NOMA 的组内和组间干扰，假设分组数目 G 与射频链的数量 N_{RF} 相等。定义选择的簇头集合为 $\Omega = \{\Omega_1, \Omega_2, \cdots, \Omega_G\}$。根据式（3.6）计算剩余用户与每个簇头的相关性，将相关性高的用户分在相应的簇中。分组完成后，为进一步减少波束间干扰，对每个簇的簇头进行更新，选择每个簇中与其他簇具有最低信道相关性的用户作为新的簇头。定义单个用户与其他簇用户的信道相关性之和为

$$\hat{\text{Corr}}_k = \sum_{\substack{1 \leqslant j \leqslant k}}^{j \notin C^k} \text{Corr}_{k,j} \qquad (3.7)$$

　　因此，第 g 簇的簇头为

$$\Omega_g = \arg\min_{1 \leqslant m \leqslant C_g} = \hat{\text{Corr}}_k \qquad (3.8)$$

　　当簇头被更新后，再根据式（3.4）进行用户分组。而后进行新一轮簇头更新，直到簇头不再变化。其具体算法过程见表 3.1。

表 3.1　改进 K-means 用户分组算法

算法 3.1：改进 K-means 用户分组算法
一 . 簇头选择
1. 初始化设置：总簇数 G
2. 选择最强信道用户作为第一个簇头 Ω_1
3. for $g = 2 : G$
4. $\Omega_g = \arg\min\limits_{k \in (K - \Omega)} \sum\limits_{i=1}^{g-1} (\text{Corr}_{k,\Omega_i})$
5. 直到 for 循环结束
二 . 用户分组
6. for $k \in (K - \Omega)$
7. $g = \arg\max\limits_{1 \leqslant g \leqslant G} \text{Corr}_{k,\Omega_g}$
8. $C_g \Leftarrow k$ 将用户 k 分到第 g 簇中

9. 直到 for 循环结束

三. 簇头更新

10. 根据式（3.3）和式（3.4）更新簇头 $\Omega_g(g=1,\cdots,G)$

11. 判断更新前后的簇头是否变化，如果变化，重新进入步骤 6 进行用户分组，否则进入步骤 12

12. 输出：用户分组集合 C_g 和簇头集合 $\Omega_g(g=1,\cdots,G)$

3.4 系统能效最大化问题

在完成用户分组之后，假设每个波束中用户等效信道增益按照从大到小排列，即 $\|\boldsymbol{h}_{g,1}^{\mathrm{T}}\boldsymbol{A}\boldsymbol{d}_g\|_2 \geqslant \|\boldsymbol{h}_{g,2}^{\mathrm{T}}\boldsymbol{A}\boldsymbol{d}_g\|_2 \geqslant \cdots \geqslant \|\boldsymbol{h}_{g,C_g}^{\mathrm{T}}\boldsymbol{A}\boldsymbol{d}_g\|_2$ $(g=1,\cdots,G)$。因此，根据 NOMA 技术原理，通过 SIC 技术可以消除信道增益较弱的用户对信道增益较强用户的干扰。用户 (g,k) 的可达速率为

$$R_{g,k} = \log_2(1+\mathrm{SINR}_{g,k}) \tag{3.9}$$

其中，用户 (g,k) 的信干噪比为

$$\mathrm{SINR}_{g,k} = \frac{\|\boldsymbol{h}_{g,k}^{\mathrm{T}}\boldsymbol{A}\boldsymbol{d}_g\|_2^2\, p_{g,k}}{\zeta_{g,k}} \tag{3.10}$$

式中：

$$\zeta_{g,k} = \|\boldsymbol{h}_{g,k}^{\mathrm{T}}\boldsymbol{A}\boldsymbol{d}_g\|_2^2 \sum_{j=1}^{k-1} p_{g,j} + \sum_{i\neq g} \|\boldsymbol{h}_{g,k}^{\mathrm{T}}\boldsymbol{A}\boldsymbol{d}_i\|_2^2 \sum_{j=1}^{|C_i|} p_{i,j} + \sigma^2 \tag{3.11}$$

系统总速率可根据式（3.9）～式（3.11）得

$$R_{\mathrm{sum}} = \sum_{g=1}^{G}\sum_{k=1}^{C_g} R_{g,k} \tag{3.12}$$

系统能效同样可得

$$\eta_{\mathrm{EE}} = \frac{\displaystyle\sum_{g=1}^{G}\sum_{k=1}^{C_g} R_{g,k}}{\displaystyle\sum_{g=1}^{G}\sum_{k=1}^{C_g} p_{g,k} + P_{\mathrm{C}}} \tag{3.13}$$

其中,

$$P_C = P_B + N_{RF}P_{RF} + (N_{RF}N_{TX}P_{DL+SW})/m \qquad (3.14)$$

$$P_{DL+SW} = 2P_{DL} + P_{SW}$$

式中, P_C 为系统电路功率; P_B、P_{RF}、P_{DL} 和 P_{SW} 分别为基站、射频链、开关和延迟线的电路功耗。

综上所述,可得到系统能效最大化的优化问题:

$$P_1: \max_{A,d_g,p_{g,k}} \frac{\sum\limits_{g=1}^{G}\sum\limits_{k=1}^{C_g} R_{g,k}}{\sum\limits_{g=1}^{G}\sum\limits_{k=1}^{C_g} p_{g,k} + P_C}$$

$$\text{s.t.} C_1: \sum_{g=1}^{G}\sum_{k=1}^{C_g} p_{g,k} \leqslant P_{\max} \qquad (3.15)$$

$$C_2: \quad R_{g,k} \geqslant R_k^{\min}, \quad \forall g,k$$

$$C_3: \parallel Ad_g \parallel_2 = 1, \forall g$$

$$C_4: \quad A \in \Gamma$$

式中, C_1 为基站发射总功率约束; C_2 为用户的服务质量; C_3 为混合预编码的单位功率约束; C_4 为模拟预编码需要在连续相位调制网络的可行域里。

针对优化问题式(3.15),模拟预编码 A、数字预编码 d_g、用户发射功率 $p_{g,k}$ 在求解过程中存在变量耦合,是一个棘手的非凸优化问题,无法直接求解;另外,数字预编码与混合预编码联合优化复杂度较高,因此对其分阶段进行优化。

3.5　优化问题求解

为了降低系统资源分配复杂度,本节将模拟数字预编码和功率分配优化分两个阶段进行求解。具体来说,首先,根据连续相位特性和射频链与天线的连接状态设计一种低复杂度的模拟预编码算法,以最大化天线阵列增益;其次,采用迫零技术设计数字预编码算法,以消除波束间用户干扰;最后,提出一种资源分配方案,以最大化系统能效。

3.5.1 模拟预编码设计

基于开关控制的时延线阵列结构如图 3.2 所示。它是由复杂可编程逻辑器件（complex programmable logic device，CPLD）通过控制一个开关连接到 4 条时延线来实现的。

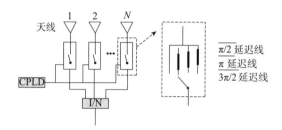

图 3.2　基于开关控制的时延线阵列结构图

在一个调制周期 T_p 期间，2 条时延线分别标记为 α 和 β，开关接通 α 和 β 的持续时间为 τ_1 和 τ_2，$P(t)$ 为调制脉冲，其傅里叶级数可表示为

$$P(t) = \sum_{m=-\infty}^{\infty} p_m e^{jm2\pi f_p t} \tag{3.16}$$

式中，傅里叶系数 p_m 为

$$p_m = \frac{1}{m\pi}\left[e^{j\alpha}\sin(m\pi\tau_1 f_p)e^{-jm\pi f_p(\tau_1 + 2\tau_1')} + e^{j\beta}\sin(m\pi\tau_1 f_p)e^{-jm\pi f_p(\tau_2 + 2\tau_2')}\right] \tag{3.17}$$

中心频率处系数可表示为

$$p_0 = f_0\left[\tau_1 e^{j\alpha} + \tau_2(e^{j\beta} - e^{j\alpha})\right] \tag{3.18}$$

由于 α 和 β 为两两配对，其相位有 $\left(0, \dfrac{\pi}{2}\right)$、$\left(\dfrac{\pi}{2}, \pi\right)$、$\left(\pi, \dfrac{3}{2}\pi\right)$ 和 $\left(\dfrac{3}{2}\pi, 2\pi\right)$ 4 种组合形式，因此，由式（3.18）可得，模拟预编码的可行域如图 3.3 所示。

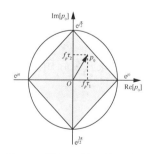

图 3.3　模拟预编码的可行域

根据用户分簇算法，每个簇中的用户具有高度相关性，从中选出的簇头信道矩阵可写为 $\boldsymbol{H}_\Omega=[\boldsymbol{h}_{\Omega 1},\boldsymbol{h}_{\Omega 2},\cdots,\boldsymbol{h}_{\Omega g}]$。模拟预编码 $\boldsymbol{A}$ 是块对角矩阵的形式：

$$
\boldsymbol{A}=\begin{bmatrix}
\boldsymbol{a}_{\mathrm{RF},1} & & & \\
& \boldsymbol{a}_{\mathrm{RF},2} & & \\
& & \ddots & \\
& & & \boldsymbol{a}_{\mathrm{RF},m}
\end{bmatrix}_{N_{\mathrm{TX}}\times N_{\mathrm{RF}}}
\tag{3.19}
$$

式中，$\boldsymbol{a}_{\mathrm{RF},j}\in C^{(N_{\mathrm{TX}}/m)\times(N_{\mathrm{RE}}/m)}$，且 $j=1,\cdots,m$。

通过连续相位调制技术，在调节相位的同时，其模拟预编码的幅度不受恒定的模值约束。为了在增大天线阵列增益的同时降低用户间干扰，使用迫零技术构造低复杂度预编码矩阵 $\widetilde{\boldsymbol{A}}$ 作为中间变量，$\widetilde{\boldsymbol{A}}=\lambda\boldsymbol{H}_\Omega^{\mathrm{T}}\left(\boldsymbol{H}_\Omega\boldsymbol{H}_\Omega^{\mathrm{T}}\right)^{-1}$，其中 λ 需要保证足够小，才可以满足预编码矩阵的所有元素 $\widetilde{\boldsymbol{A}}_{i,j}$ 都在矩形的可行域里。由此可得 $\boldsymbol{A}$ 中的每一列 $\boldsymbol{a}_{\mathrm{RF},j}$ 为

$$
\boldsymbol{a}_{\mathrm{RF},j}=\widetilde{\boldsymbol{A}}\left(\frac{N_{\mathrm{TX}}}{m}(j-1)+1:\frac{N_{\mathrm{TX}}}{m}j,j:\frac{N_{\mathrm{RF}}}{m}\right)
\tag{3.20}
$$

3.5.2　数字预编码设计

在完成用户分组和模拟预编码之后，可以获得用户的等效信道为 $\overline{\boldsymbol{h}}_k^{\mathrm{T}}=\boldsymbol{h}_k^{\mathrm{T}}\boldsymbol{A}$。假设每个簇中的第一个用户具有最强的等效信道：

$$
\boldsymbol{H}=\left[\overline{\boldsymbol{h}}_{1,1},\overline{\boldsymbol{h}}_{2,1},\cdots,\overline{\boldsymbol{h}}_{G,1}\right]
\tag{3.21}
$$

为了消除簇间干扰，这里采用经典的 ZF 数字预编码，则预编码矩阵形式如下：

$$
\overline{\boldsymbol{D}}=\left[\overline{\boldsymbol{d}}_1,\overline{\boldsymbol{d}}_2,\cdots,\overline{\boldsymbol{d}}_G\right]=\boldsymbol{H}^{\mathrm{T}}\left(\boldsymbol{H}\boldsymbol{H}^{\mathrm{T}}\right)^{-1}
\tag{3.22}
$$

完成数字预编码矩阵后，对每个簇进行归一化处理，则数字预编码矩阵变换为

$$
\boldsymbol{D}=\left[\frac{\overline{\boldsymbol{d}}_1}{\|\boldsymbol{A}\overline{\boldsymbol{d}}_1\|_2},\frac{\overline{\boldsymbol{d}}_2}{\|\boldsymbol{A}\overline{\boldsymbol{d}}_2\|_2},\cdots,\frac{\overline{\boldsymbol{d}}_g}{\|\boldsymbol{A}\overline{\boldsymbol{d}}_g\|_2}\right]
\tag{3.23}
$$

其中，假设每个簇中的用户已经按照等效信道增益重新排列。

3.5.3 分配功率优化

完成混合预编码后，原优化问题式（3.15）已被进一步简化为

$$P_1 : \max_{p_{g,k}} \frac{\sum\limits_{g=1}^{G}\sum\limits_{k=1}^{C_g} R_{g,k}}{\sum\limits_{g=1}^{G}\sum\limits_{k=1}^{C_g} p_{g,k} + P_C} \qquad (3.24)$$

$$\text{s.t.} C_1, C_2$$

优化问题式（3.24）中，P_1 是一个非凸函数，因此该问题依然是一个非凸优化问题，无法直接求解。针对该分式形式，可采用 Dinkelbach 算法将其变换成为一个减式形式。

假设 η_{EE}^* 为问题式（3.24）的最优解，$p_{g,k}^*$ 是功率分配因子的局部最优解，则

$$\eta_{EE}^* = \max_{p_{g,k}} \frac{f(p_{g,k})}{h(p_{g,k})} = \frac{f(p_{g,k}^*)}{h(p_{g,k}^*)} \qquad (3.25)$$

式中，$f(p_{g,k}) = \sum\limits_{g=1}^{G}\sum\limits_{k=1}^{C_g} R_{g,k}$；$h(p_{g,k}) = \sum\limits_{g=1}^{G}\sum\limits_{k=1}^{C_g} p_{g,k} + P_C$。

对于式（3.25）的最优解，根据 Dinkelbach 算法，存在如下定理。

定理 3.1 当且仅当满足

$$\max f(p_{g,k}^*) - \eta_{EE}^* h(p_{g,k}^*) = 0 \qquad (3.26)$$

可获得优化问题最优解 $p_{g,k}^*$。

充分性证明：

假设 $p_{g,k}^*$ 和 $p_{g,k}$ 分别是式（3.26）的最优解和可行解，那么有

$$f(p_{g,k}^*) - \eta_{EE}^* h(p_{g,k}^*) = 0 \qquad (3.27)$$

$$f(p_{g,k}) - \eta_{EE}^* h(p_{g,k}) \leqslant 0 \qquad (3.28)$$

式（3.27）和式（3.28）可变换为

$$\frac{f(p_{g,k}^*)}{h(p_{g,k}^*)} = \eta_{EE}^* \qquad (3.29)$$

$$\frac{f(p_{g,k})}{h(p_{g,k})} \leqslant \eta_{EE} \qquad (3.30)$$

因此，可得 $p_{g,k}^*$ 同样是问题式（3.26）的最优解。

必要性证明：

假设 $p_{g,k}^*$ 和 $p_{g,k}$ 分别是式（3.26）的最优解和可行解，那么有

$$\frac{f(p_{g,k}^*)}{h(p_{g,k}^*)} = \eta_{EE}^* \tag{3.31}$$

$$\frac{f(p_{g,k})}{h(p_{g,k})} \leqslant \eta_{EE} \tag{3.32}$$

由式（3.31）和式（3.32）可得

$$f(p_{g,k}^*) - \eta_{EE}^* h(p_{g,k}^*) = 0 \tag{3.33}$$

$$f(p_{g,k}) - \eta_{EE}^* h(p_{g,k}) \leqslant 0 \tag{3.34}$$

因此，$p_{g,k}^*$ 是式（3.26）的最优解。

由定理 3.1 可知，问题式（3.24）的解可以通过解式（3.26）得到，然而式（3.26）中的 η_{EE}^* 无法直接被求解。为此，定义函数

$$F(\eta) = f(p_{g,k}) - \eta h(p_{g,k}) \tag{3.35}$$

式（3.35）中定义的函数是关于变量 η 严格单调递减的。

定理 3.2 函数 $F(\eta)$ 关于变量 η 是严格单调递减的。

证明 对于任意的 η_1 和 η_2，有 $\eta_1 \geqslant \eta_2$，假设其对应的最优解分别为 $p_{g,k}^1$ 和 $p_{g,k}^2$，则

$$\begin{aligned}
F(\eta_1) &= f(p_{g,k}) - \eta_1 h(p_{g,k}) \\
&= f(p_{g,k}^1) - \eta_1 h(p_{g,k}^1) \\
&< f(p_{g,k}^1) - \eta_2 h(p_{g,k}^1) \\
&\leqslant f(p_{g,k}^2) - \eta_2 h(p_{g,k}^2) \\
&= F(\eta_2)
\end{aligned} \tag{3.36}$$

因此，函数 $F(\eta)$ 关于变量 η 是严格单调递减的。

综上所述，对于优化问题式（3.25）的局部最优解，可等效转换成如下的优化问题：

$$P_2 : \max_{p_{g,k}} \sum_{g=1}^{G} \sum_{k=1}^{C_g} R_{g,k} - \eta \left(\sum_{g=1}^{G} \sum_{k=1}^{C_g} p_{g,k} + P_C \right) \quad (3.37)$$

$$\text{s.t.} C_1, C_2$$

接着，可采用 Dinkelbach 算法逐步进行逼近，直到其满足式（3.27）时，可得到原局部最优解。其具体算法流程如表 3.2 所示。

表 3.2　基于 Dinkelbach 的能效迭代算法

算法 3.2：基于 Dinkelbach 的能效迭代算法
1. 初始化设置：$\eta = 0$，常数 $\varepsilon = 10^{-5}$，最大迭代次数 T
2. for $t = 1 : T$
3. 对于给定的 η，根据算法 3.3 计算功率分配因子 $p_{g,k}$ 和 $F(\eta)$
4. 更新 $\eta = \dfrac{f(p_{g,k})}{h(p_{g,k})}$
5. 直到 for 循环结束或者 $\lvert F(\eta) \rvert < \varepsilon$ 收敛
6. 输出：系统能效 $\eta^* = \eta$ 和功率分配因子 $p_{g,k}^*$

然而，式（3.37）中的目标函数 P_2 与约束条件 C_2 是非凸的，需针对其非凸性逐个进行优化。首先，对约束条件 C_2 进行等效转化，由用户的可达速率表达式（3.9）可将 C_2 转化为如下凸约束：

$$C_2 : \gamma_{g,k} \left(\| \overline{\boldsymbol{h}}_{g,k}^{\mathrm{T}} \boldsymbol{d}_g \|_2^2 \sum_{j=1}^{k-1} p_{g,j} + \sum_{i \neq g} \| \overline{\boldsymbol{h}}_{g,k}^{\mathrm{T}} \boldsymbol{d}_i \|_2^2 \sum_{j=1}^{|C_i|} p_{i,j} \right) - \| \overline{\boldsymbol{h}}_{g,k}^{\mathrm{T}} \boldsymbol{d}_g \|_2^2 \, p_{g,k} \leqslant -\gamma_{g,k} \sigma^2 \quad (3.38)$$

式中，$\gamma_{g,k} = 2^{R_k^{\min}} - 1$。

其次，对目标函数 P_2 中的 $R_{g,k}$ 进行变换，可得

$$R_{g,k} = \log_2(\psi_{g,k}) - \log_2(\zeta_{g,k}) \quad (3.39)$$

式中：

$$\begin{aligned} \psi_{g,k} &= \zeta_{g,k} + \| \overline{\boldsymbol{h}}_{g,k}^{\mathrm{T}} \boldsymbol{d}_g \|_2^2 \, p_{g,k} \\ &= \| \overline{\boldsymbol{h}}_{g,k}^{\mathrm{T}} \boldsymbol{d}_g \|_2^2 \sum_{j=1}^{k} p_{g,j} + \sum_{i \neq g} \| \overline{\boldsymbol{h}}_{g,k}^{\mathrm{T}} \boldsymbol{d}_i \|_2^2 \sum_{j=1}^{C_i} p_{i,j} + \sigma^2 \end{aligned} \quad (3.40)$$

式中，$\log_2(\psi_{g,k})$ 为凸函数；$-\log_2(\zeta_{g,k})$ 为非凸项。

针对非凸项，可通过如下引理转化。

引理 3.1　定义函数 $y(t) = -xt + \ln(t) + 1$，其中 x 是正实数，则有

$$\max_{t>0} y(t) = -\ln(x) \qquad (3.41)$$

同时，当 $t = \dfrac{1}{x}$ 时，$y(t)$ 取最大值。

证明　由式（3.41）可得，$y(t)$ 是关于变量 x 的凹函数，则其最优解 t^* 可推导出

$$y'(t)|_{t=t^*} = 0$$
$$\Rightarrow -x + \frac{1}{t} = 0 \qquad (3.42)$$
$$\Rightarrow t^* = \frac{1}{x}$$

由此可得 $t = \dfrac{1}{x}$，$y(t)$ 取最大值。

根据引理 3.1，引入新的松弛变量 t，式（3.39）可转化为

$$R_{g,k} \ln 2 = \max_{t_{g,k}>0} (\ln(\psi_{g,k}) - t_{g,k}(\zeta_{g,k}) + \ln(t_{g,k}) + 1) \qquad (3.43)$$

由此优化问题式（3.37）可进一步转化为

$$P_3 : \max_{p_{g,k},t_{g,k}} \sum_{g=1}^{G} \sum_{k=1}^{C_g} \frac{1}{\ln 2}(\ln(\psi_{g,k}) - t_{g,k}(\zeta_{g,k}) + \ln(t_{g,k}) + 1) - \eta\left(\sum_{g=1}^{G}\sum_{k=1}^{C_g} p_{g,k} + P_C\right) \qquad (3.44)$$
$$\text{s.t.} C_1, \ C_2$$

优化问题式（3.44）中依然存在优化变量 $p_{g,k}$ 与 $t_{g,k}$ 耦合的情况，无法直接求解。这里采用交替迭代优化算法，首先定义一个定义域内的可行解 $p_{g,k}^{(0)}$ 和 $t_{g,k}^{(0)}$，将 $p_{g,k}^{(0)}$ 代入问题，此时优化问题是一个凸优化问题，可以使用凸优化工具 CVX 直接求得最优解 $t_{g,k}^*$；接着将其作为下一次迭代的初始值进行更新，再重新求解问题，得到本次迭代的 $p_{g,k}^*$ 作为下一次的初始值。重复上述过程，直到结果收敛，即可得到原问题的局部最优解。另外，由于每一次迭代求解更新变量会增加或者至少保持目标函数的值，因此目标函数迭代值是单调的，同时发射总功率有限，因此上述迭代算法保证了目标函数是有上界的。

假设第（n-1）次迭代得到的功率分配为 $p_{g,k}^*$，根据引理 3.1 可得

$$t_{g,k}^{(n)} = \frac{1}{\zeta_{g,k}^{(n-1)}} \qquad (3.45)$$

根据获得的松弛变量 $t_{g,k}^{(n)}$，可求解优化问题式（3.44）的局部最优解。其具体迭代算法如表 3.3 所示。

表 3.3　基于交替迭代的功率分配算法

算法 3.3：基于交替迭代的功率分配算法
1. 初始化设置：可行的初始值 $p_{g,k}^{(0)}$，迭代索引 r，初始 $\eta=0$，最大迭代次数 $r_{\max}$
2. for $r=1:r_{\max}$
3. 根据式（3.45）计算 $t_{g,k}^{(r)}$
4. 根据式（3.44）计算 $p_{g,k}^{(r)}$
5. 直到 for 循环结束或者 $p_{g,k}^{(r)}$ 收敛不再变化
6. 输出：功率分配因子 $p_{g,k}^{*}$

表 3.2 提出了基于 Dinkelbach 的能效迭代算法，将原分式形式转换成减式形式；表 3.3 提出了基于交替迭代的功率分配算法，将非凸的减式形式转换成凸函数形式。为了解决原功率优化问题式（3.24），将基于 Dinkelbach 和交替迭代的功率分配算法总结如表 3.4 所示。

表 3.4　基于 Dinkelbach 和交替迭代的功率分配算法

算法 3.4：基于 Dinkelbach 和交替迭代的功率分配算法
1. 初始化设置：初始 $\eta=0$
2. repeat
3. 根据给定的 η 值，利用算法 3.3 求解 $p_{g,k}^{(r)}$
4. 利用 $p_{g,k}^{(r)}$，根据算法 3.2 求解 η
5. until η^{*} 收敛
6. 最优的系统功率分配因子 $p_{g,k}^{*}$ 和系统的最优能效 η^{*}

3.5.4　计算复杂度分析

本小节将对系统能效最大化问题中所提的基于 Dinkelbach 和交替迭代的功率分配算法的计算复杂度进行分析。假设计算精度为 ε，算法迭代次数记为 I。

式（3.37）具有多项式复杂度，包括 K 个变量、$2K$ 个线性约束，式（3.37）得到最优解所需的迭代次数为 $\sqrt{2K}$。每次迭代的计算复杂度为

$$C_{\mathrm{ite}} = n\left[(2K)+n^2(2K)+n^2\right] \qquad（3.46）$$

式中，$n=K$，为变量总数。

所提算法的计算复杂度为

$$O(nI\sqrt{2K}[(2K)+n^2(2K)+n^2]\log_2(1/\varepsilon)) \tag{3.47}$$

3.6 仿真结果与分析

3.6.1 仿真参数设置

为验证毫米波大规模 MIMO−NOMA 系统的能效性能，本节通过实验仿真对所提出算法的收敛性、系统安全速率和安全能效进行仿真分析和数据验证，主要参数设置如表 3.5 所示。

表 3.5 仿真参数

参数	数值
载波频率	18GHz
噪声功率谱密度	−174 dBm/Hz
系统带宽	20MHz
基站天线 N_{TX}	64
射频链数目 N_{RF}	4
用户数 K	6
射频链功率 P_{RF}	300mW
开关功率 P_{SW}	5mW
移相器功率 P_{PS}	15mW
延迟线功率 P_{DL}	1.3mW
基带电路功率 P_{B}	200mW

基站配备 8×8 的均匀平面阵列天线，射频链数目 $N_{\mathrm{RF}}=4$，用户数目 $K=6$，信道路径数目 $F=6$ [包括 1 个复增益服从高斯分布 $\alpha_{g,m}^1 \sim \mathrm{CN}(0,1)$ 的 LoS（line of sight，视距路径），还包括 5 个同样服从高斯分布 $\alpha_{g,m}^l \sim \mathrm{CN}(0,10^{-1})(l=2,3)$ 的 NLoS（non−line of sight，非视距路径）]，天线水平方向角和垂直方向角 $\varphi_{g,m}^l$ 和 $\theta_{g,m}^l$ 服从 $U[0,2\pi]$ 的均匀分布。全连接结构移相器个数为 $N_{\mathrm{ps\_full}}=N_{\mathrm{RF}}N_{\mathrm{TX}}$，子连接移相器个数为 $N_{\mathrm{ps\_sub}}=N_{\mathrm{TX}}$。$m$ 代表天线和射频链之间的连接结构，其中全连接结构时 $m=1$，混合连接结构时 $m=2$，子连接结构时 $m=4$。

3.6.2 算法收敛性

图 3.3 展示了算法 3.4 的收敛性。其中，图 3.4（a）表示内层迭代收敛，可以发现在 10 次迭代后结果趋于稳定；图 3.4（b）表示外层迭代收敛，在 15 次迭代后也趋于收敛，表明了所提算法的有效性。

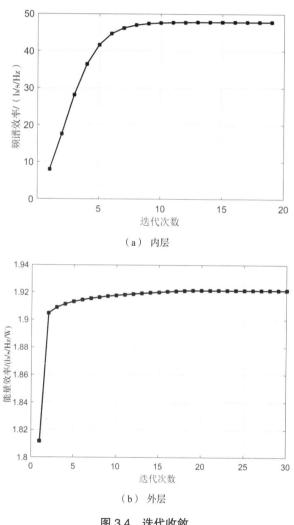

（a）内层

（b）外层

图 3.4　迭代收敛

3.6.3 不同网络情况性能对比

图 3.5 和图 3.6 分别为不同网络下系统频谱效率和系统能量效率；另外，对比

了传统移相器的全连接和子连接混合预编码结构以及基于全数字预编码结构下系统的频谱效率和能量效率。从图 3.5 中可以看出，所有方案下的系统频谱效率均随着 P_{max} 的增加而增加。其中，全数字预编码结构下的系统频谱效率最高，这是因为该结构下每根天线连接唯一的射频链，充分自由度和全阵列增益提高了传输速率。另外，从图 3.5 中还可以发现，所提方案下全连接结构系统的频谱效率优于混合连接和子连接结构，所提方案下的全连接和子连接混合预编码结构的频谱效率均高于基于传统移相器调制网络下的全连接和子连接混合预编码结构的频谱效率。

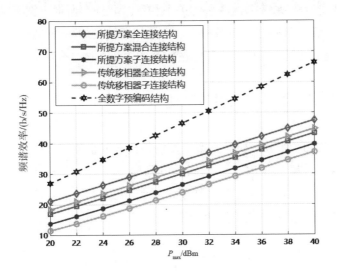

图 3.5　不同网络下系统频谱效率

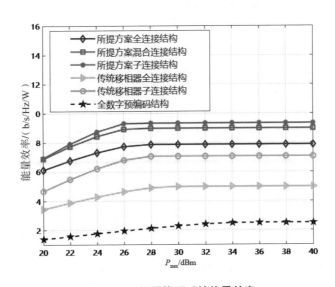

图 3.6　不同网络下系统能量效率

从图 3.6 中可以看出，在总功率限制 P_{max} 较小时，所有方案下的系统能量效率均随着 P_{max} 的增加而增加。与频谱效率相反的是，全数字预编码结构下的系统能量效率最低，这是由于大量高功耗的射频链导致系统功耗增加。当 $P_{max} \geqslant 28$dBm 时，系统能量效率趋于稳定，这是因为当总功率限制较小时，系统能量效率取决于系统的可达速率；而当 $P_{max} \geqslant 30$dBm 后，用户速率的增加无法补偿总功率的消耗。另外，所提方案下系统的能量效率子连接优于混合连接和全连接结构，这与图 3.5 中连接结构与系统频谱效率的关系相反。此外，所提方案下的系统能量效率也均优于传统基于移相器网络和全数字预编码结构的系统能量效率。因此，可以根据具体应用场景，权衡速率和能量效率的关系，选择合适的系统方案。

3.6.4 不同天线结构情况性能对比

从图 3.7 中可以看出，所有方案下系统频谱效率都随着天线数的增加而增长，这是由于随着天线数量的增多，天线的阵列增益将变大，波束功率变大。另外，从图 3.7 中也可以发现，全连接结构的系统频谱效率优于混合连接和子连接结构，所提方案的系统频谱效率优于传统网络。

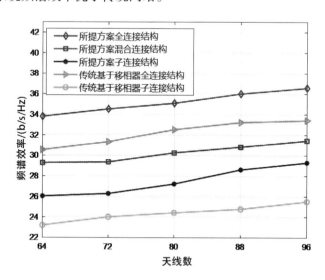

图 3.7　不同天线结构系统频谱效率

从图 3.8 中可以看出,所有方案下的系统能量效率都随着天线数的增加而降低。这是因为当天线增多时,所需的调制网络器件增多,导致了更多的能量消耗。另外,由于子连接结构采用了更少的移相器,其系统能量效率优于混合连接和全连接结构,同时,所提方案的系统能量效率优于传统基于移相器网络调制的系统能量效率。

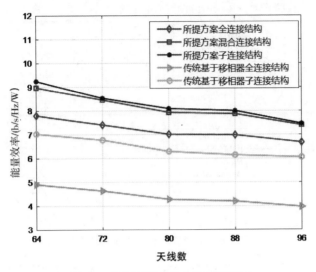

图 3.8　不同天线结构系统能量效率

3.6.5　不同多址技术性能对比

采用不同多址技术时,系统频谱效率和能量效率性能对比如图 3.9 和图 3.10 所示。从上述章节可以发现,天线和射频链采用混合连接时,系统频谱效率和能量效率能达到一个很好的平衡。

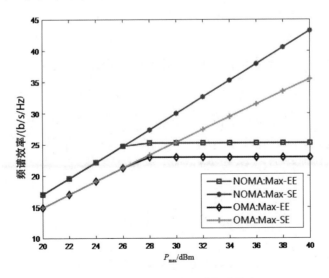

图 3.9　不同多址技术系统频谱效率

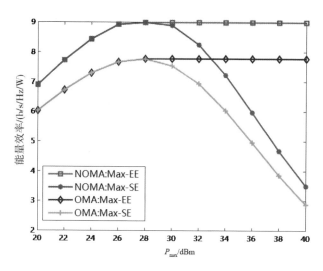

图 3.10　不同多址技术系统能量效率

从图 3.9 中可知，OMA 采用的是 FDMA（frequency division multiple access，频分多址）方案，Max-EE 和 Max-SE 分别表示能量效率和频谱效率达到最大时的系统频谱效率曲线。由图 3.8 可知，当总功率 $P_{max} \leqslant 26\mathrm{dBm}$ 时，Max-EE 和 Max-SE 两种方案的频谱效率相同；当 $P_{max} > 26\mathrm{dBm}$ 时，Max-EE 方案的频谱效率增速变慢并最终稳定在峰值保持不变，而 Max-SE 方案的频谱效率随着总功率的增加而增加，这是因为对于 Max-SE 方案，系统为了最大化频谱效率，将总功率分配给了所有的用户，忽略了能耗。另外，与 OMA 方案相比，NOMA 传输技术可以实现更高的频谱效率，所提方案的系统频谱效率提高了 10.7%。

对比图 3.9，图 3.10 中的 Max-EE 和 Max-SE 分别表示能量效率和频谱效率达到最大时的系统能量效率曲线。对比其变化趋势，当总功率 $P_{max} \leqslant 26\mathrm{dBm}$ 时 Max-EE 和 Max-SE 两种方案的能量效率基本一致，当 $P_{max} > 26\mathrm{dBm}$ 时，最大化能量效率曲线随着总功率的增加而急剧下降，印证了图 3.8 中，系统为了最大化频谱效率，将总功率分配给了所有的用户，忽略了能耗。此外，在能量效率方面，NOMA 技术依然是优于 OMA 技术的，所提方案的系统能量效率最高提高了 32.3%。

本 章 小 结

本章研究了基于连续相位调制的毫米波大规模 MIMO-NOMA 系统的能量效率最大化问题。针对连续相位调制网络特性，设计了一种低复杂度的模拟预编码算法。为了最大化系统能量效率，提出一种两层迭代算法优化发射功率。仿真分析验证了所提算法的收敛性。此外，所提方案的频谱效率和能量效率均优于传统基于移相器网络的调制方案。通过对比不同连接结构的频谱效率和能量效率发现，全连接结构频谱效率最优，子连接结构能量效率最优，而混合连接结构可以更好地权衡系统的频谱效率和能量效率。

第 4 章　毫米波大规模 MIMO-NOMA 系统物理层安全研究

4.1　引　　言

除了提高频谱效率，系统安全性也是 5G 的关键性能指标之一，结合毫米波大规模 MIMO 系统的物理层安全研究成为热点。文献［115］研究了大规模 MIMO 系统中联合人工噪声和功率分配的混合波束形成设计方法，针对问题的非凸性将模拟和数字预编码器的设计解耦，并提出一种优化等效数字预编码器设计的迭代算法。文献［116］在存在窃听者的情况下，研究了一种混合 ADC 大规模 MIMO 中继系统，分析了中继系统的安全频谱效率和安全能量效率的表达式及其在不同系统参数下对性能的影响。文献［117］研究了毫米波多用户 MISO SWIPT 系统的安全问题，通过联合优化数字预编码、模拟预编码、人工噪声和功率分配因子，最大化最差用户能量接收功率的优化问题，并将原复杂预编码优化问题分解为模拟和数字预编码两个优化子问题求解。

综上所述，目前大多研究局限于单用户系统或多用户广播系统，并且忽略了用户分簇策略对系统安全性的影响。因此，本章针对存在窃听者的情况下毫米波大规模 MIMO 系统的安全问题展开研究，涵盖了系统建模、用户分簇算法、混合预编码设计、优化问题形成和安全速率最大化功率分配算法等几个部分。为有效提高系统安全性，同时降低资源优化复杂度，将混合预编码和功率分配分为两个阶段进行优化设计。首先，建立存在窃听者的下行链路通信系统模型，其中包括设计用户分簇算法并选取簇头；设计模拟预编码形成不同的波束，使每个波束功率主瓣指向各簇；设计数字预编码抵消簇间用户信号的干扰。然后，形成一个优化发送功率的安全速率最大化问题。为求解所形成的优化问题，首先利用一阶泰勒级数把原非凸问题转化为凸优化问题；随后提出一种基于 SCA 的功率分配算法，获得最初问题的解。仿真结果表明，本书所提的用户分簇方案可以更好地提升系统安全性；混合预编码方案相比传统全数字预编码在达到相同安全速率情况下，安全能量效率指标最高提升了 60%；另外，基于混合预编码的 NOMA 系统比 OMA 系统具有更高的安全速率和安全能量效率。

4.2　毫米波大规模 MIMO-NOMA 系统建模

考虑图 4.1 所示的毫米波大规模 MIMO-NOMA 系统模型，其中包括 K 个合法用户和一个窃听者，基站配置 N_{TX} 根天线，其中天线是均匀平面阵列型天线。模拟预编码和基带数字预编码之间由 N_{RF} 条射频链相连，为使系统达到最大增益，假设每条射频链均可产生一个波束，即波束数量 $G = N_{RF}$，且 $G \leqslant K$。

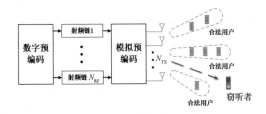

图 4.1　毫米波大规模 MIMO-NOMA 系统模型

首先，对合法用户进行分簇，使一个波束通过 NOMA 技术服务该簇内的合法用户。假设每个分簇至少包含一个合法用户，第 g 个分簇中合法用户的集合记为 $M_g(g \in \{1, \cdots, G\})$，且满足 $\sum_{g=1}^{G} M_g = K$，当 $i \neq j$ 时，$M_i \cap M_j = \varnothing$，则合法用户（$g, m$）接收到的信号可记为

$$
\begin{aligned}
y_{g,m} &= \boldsymbol{h}_{g,m}^{\mathrm{H}} \boldsymbol{A} \sum_{i=1}^{G} \sum_{j=1}^{M_j} \boldsymbol{d}_i \sqrt{p_{i,j}} s_{i,j} + v_{g,m} \\
&= \underbrace{\boldsymbol{h}_{g,m}^{\mathrm{H}} \boldsymbol{A} \boldsymbol{d}_g \sqrt{p_{g,m}} s_{g,m}}_{\text{需要得到的信号}} \\
&\quad + \underbrace{\boldsymbol{h}_{g,m}^{\mathrm{H}} \boldsymbol{A} \boldsymbol{d}_g \sum_{j \neq m} \sqrt{p_{g,j}} s_{g,j}}_{\text{波束内干扰}} \\
&\quad + \underbrace{\boldsymbol{h}_{g,m}^{\mathrm{H}} \boldsymbol{A} \sum_{i \neq g} \sum_{j=1}^{M_i} \boldsymbol{d}_i \sqrt{p_{i,j}} s_{i,j}}_{\text{波束间干扰}} + \underbrace{v_{g,m}}_{\text{噪声}}
\end{aligned}
\tag{4.1}
$$

假设每个簇的合法用户根据信道增益按强弱顺序进行排列，并且第 $k(k \in \{1, \cdots, K\})$ 个合法用户［记为合法用户（k）］被分配在第 g 个簇中第 m 个位置［或记为合法用户（g, m）］。其中，$\boldsymbol{h}_{g,m}$ 是维度为 $N_{TX} \times 1$ 的合法用户（g, m）

信道向量，$\boldsymbol{A}$ 是维度为 $N_{\text{TX}} \times N_{\text{RF}}$ 的模拟预编码矩阵，$\boldsymbol{d}_i$ 是维度为 $N_{\text{RF}} \times 1$ 的第 i 个分簇的数字预编码矩阵，$v_{g,m} \sim \text{CN}(0, \sigma_v^2)$ 为信道噪声，$P_{i,j}$ 和 $S_{i,j}$ 分别是发射功率和发射信号，且 $\|\boldsymbol{A}\boldsymbol{d}_i\|_2 = 1$，$E\{|s_{g,m}|^2\} = 1$。

考虑到毫米波信道的稀疏特性，本书采用广泛应用的毫米波信道模型[40, 118]，合法用户（g，m）与窃听者的毫米波 MIMO 信道模型可表示为

$$\boldsymbol{h}_{g,m}, \boldsymbol{h}_E = \sqrt{\frac{N}{L_{g,m}}} \sum_{l=1}^{L_{g,m}} \alpha_{g,m}^l \boldsymbol{a}(\varphi_{g,m}^l, \theta_{g,m}^l) \tag{4.2}$$

式中，$L_{g,m}$ 为路径数量；$\alpha_{g,m}^l$ 为第 l 个传播路径的复增益；$\varphi_{g,m}^l$ 和 $\theta_{g,m}^l$ 分别为第 l 个传播路径的水平方向角和垂直方向角，且服从均匀分布 $U[0, 2\pi]$；$\boldsymbol{a}(\varphi_{g,m}^l, \theta_{g,m}^l)$ 为 $N_{\text{TX}} \times 1$ 的方向向量。

采用均匀平面阵列天线，假设 N_{v} 和 N_{h} 分别代表天线水平和垂直的行列数，有 $N_{\text{TX}} = N_{\text{v}} \times N_{\text{h}}$，则：

$$\boldsymbol{a}(\varphi, \theta) = \boldsymbol{a}_{az}(\varphi) \otimes \boldsymbol{a}_{el}(\theta) \tag{4.3}$$

$$\boldsymbol{a}_{az}(\varphi) = \frac{1}{\sqrt{N_{\text{v}}}} \left[e^{j2\pi i(d_{\text{v}}/\lambda)\sin(\varphi)} \right]_{i \in J(N_{\text{v}})} \tag{4.4}$$

$$\boldsymbol{a}_{el}(\varphi) = \frac{1}{\sqrt{N_{\text{h}}}} \left[e^{j2\pi j(d_{\text{h}}/\lambda)\sin(\theta)} \right]_{i \in J(N_{\text{h}})} \tag{4.5}$$

式中，λ 为信号波长；d_{v} 为水平天线间距；d_{h} 为垂直天线间距。

在接收端，采用 SIC 技术可以消除同簇内信道条件较弱信号的干扰。针对第 g 个分簇中的合法用户集合 M_g，首先将同簇内的接收信号按照信号强度从大到小排列，假设 $\|\boldsymbol{h}_{g,1}^{\text{H}} \boldsymbol{A} \boldsymbol{d}_g\| \geqslant \|\boldsymbol{h}_{g,2}^{\text{H}} \boldsymbol{A} \boldsymbol{d}_g\| \geqslant \cdots \geqslant \|\boldsymbol{h}_{g,Mg}^{\text{H}} \boldsymbol{A} \boldsymbol{d}_g\|$。因此，第 m 个用户可以通过 SIC 技术消除分簇中后面用户的干扰。此时，合法用户（g，m）接收到的信号为

$$\bar{y}_{g,m} = \underbrace{\boldsymbol{h}_{g,m}^{\text{H}} \boldsymbol{A} \boldsymbol{d}_g \sqrt{p_{g,m}} s_{g,m}}_{\text{需要得到的信号}} + \underbrace{\boldsymbol{h}_{g,m}^{\text{H}} \boldsymbol{A} \boldsymbol{d}_g \sum_{j=1}^{m-1} \sqrt{p_{g,j}} s_{g,j}}_{\text{波束内干扰}}$$

$$+ \underbrace{\boldsymbol{h}_{g,m}^{\text{H}} \boldsymbol{A} \sum_{i \neq g} \sum_{j=1}^{M_i} \boldsymbol{d}_i \sqrt{p_{i,j}} s_{i,j}}_{\text{波束间干扰}} + \underbrace{v_{g,m}}_{\text{噪声}} \tag{4.6}$$

设 $\overline{\boldsymbol{h}}_{g,m}^{\mathrm{H}} = \boldsymbol{h}_{g,m}^{\mathrm{H}} \boldsymbol{A}$ 为用户等效信道，根据式（4.6）可得合法用户（g，m）的 SINR 为

$$\mathrm{SINR}_{g,m} = \frac{\|\overline{\boldsymbol{h}}_{g,m}^{\mathrm{H}} \boldsymbol{d}_g\|_2^2 \, p_{g,m}}{\|\overline{\boldsymbol{h}}_{g,m}^{\mathrm{H}} \boldsymbol{d}_g\|_2^2 \sum\limits_{j=1}^{m-1} p_{g,j} + \sum\limits_{i \neq g} \|\overline{\boldsymbol{h}}_{g,m}^{\mathrm{H}} \boldsymbol{d}_i\|_2^2 \sum\limits_{j=1}^{M_i} p_{i,j} + \sigma_v^2} \tag{4.7}$$

根据香农公式，合法用户（g，m）的可达速率为

$$R_{g,m} = \log_2(1 + \mathrm{SINR}_{g,m}) \tag{4.8}$$

则整个系统的可达速率为

$$R_{\mathrm{sum}} = \sum_{g=1}^{G} \sum_{m=1}^{M_g} R_{g,m} = \sum_{g=1}^{G} \sum_{m=1}^{M_g} [\log_2(1 + \mathrm{SINR}_{g,m})]$$

$$= \sum_{g=1}^{G} \sum_{m=1}^{M_g} \left(\log_2 \left(1 + \frac{\|\overline{\boldsymbol{h}}_{g,m}^{\mathrm{H}} \boldsymbol{d}_g\|_2^2 \, p_{g,m}}{\|\overline{\boldsymbol{h}}_{g,m}^{\mathrm{H}} \boldsymbol{d}_g\|_2^2 \sum\limits_{j=1}^{m-1} p_{g,j} + \sum\limits_{i \neq g} \|\overline{\boldsymbol{h}}_{g,m}^{\mathrm{H}} \boldsymbol{d}_i\|_2^2 \sum\limits_{j=1}^{M_i} p_{i,j} + \sigma_v^2} \right) \right) \tag{4.9}$$

另外，窃听者窃听到合法用户（g，m）的信息为

$$y_{g,m}^E = \boldsymbol{h}_E^{\mathrm{H}} \boldsymbol{A} \sum_{i=1}^{G} \sum_{j=1}^{M_i} \boldsymbol{d}_i \sqrt{p_{i,j}} s_{i,j} + v_E \tag{4.10}$$

窃听者窃听速率为

$$R_{g,m}^E = \log_2(1 + \mathrm{SINR}_{g,m}^E) \tag{4.11}$$

假设窃听者等效信道 $\overline{\boldsymbol{h}}_E^{\mathrm{H}} = \boldsymbol{h}_E^{\mathrm{H}} \boldsymbol{A}$，其中：

$$\mathrm{SINR}_{g,m}^E = \frac{\|\overline{\boldsymbol{h}}_E^{\mathrm{H}} \boldsymbol{d}_g\|_2^2 \, p_{g,m}}{\|\overline{\boldsymbol{h}}_E^{\mathrm{H}} \boldsymbol{d}_g\|_2^2 \sum\limits_{j \neq m} p_{g,j} + \sum\limits_{i \neq g} \|\overline{\boldsymbol{h}}_E^{\mathrm{H}} \boldsymbol{d}_i\|_2^2 \sum\limits_{j=1}^{M_i} p_{i,j} + \sigma_E^2} \tag{4.12}$$

综上所述，系统的安全速率可表示为

$$R^{\mathrm{sec}} = \sum_{g=1}^{G} \sum_{m=1}^{M_g} R_{g,m}^{\mathrm{sec}} = \sum_{g=1}^{G} \sum_{m=1}^{M_g} (R_{g,m} - R_{g,m}^E)$$

$$= \sum_{g=1}^{G} \sum_{m=1}^{M_g} (\log_2(1 + \mathrm{SINR}_{g,m}) - \log_2(1 + \mathrm{SINR}_{g,m}^E)) \tag{4.13}$$

本节建立了基于物理层安全的毫米波大规模 MIMO-NOMA 系统模型，为使系统安全速率最大化，还需对用户分簇、混合预编码和功率分配算法进行优化设

计，后续章节将针对以上问题逐步展开。

4.3 基于安全性的用户分簇算法

用户分簇决定了混合预编码波束方向和基带编码设计问题，因此在进行用户分簇时应遵循以下原则：①应尽量使分簇后的波束避开窃听者，覆盖合法用户，以方向性波束进一步提升系统安全；②为降低簇间干扰，应尽量减少不同波束间的信道相关性，每个分簇以簇头为标准，首先选出簇头，再进行预编码；③所选簇头用户的信道增益应尽可能大，以提高系统安全速率。

用户分簇的第一步应选出每个簇的簇头，具体做法为：首先，设置簇头与窃听者的信道相关性阈值 δ_E，以及簇头间信道相关性阈值 δ_H，选择与窃听者信道相关性小于阈值 δ_E 的用户作为簇头的候选集合 Γ_C，选取其中信道增益最大的用户作为第一簇的簇头。然后，在其余候选簇头中，将与第一簇的簇头的信道相关性小于阈值 δ_H 的用户作为更新后的簇头候选集合 Γ_C，从中选择信道增益最高的用户作为第二簇的簇头。接着，重复上一步，更新簇头候选集合，范围是与第二簇的簇头的信道相关性小于阈值 δ_H 的用户，重复该步骤直至所有分簇选出簇头，簇头集合记为 Γ_H。如果候选集合在簇头选完前为空集，则小幅度提升阈值 δ_H，直至所有分簇均选出簇头。具体的簇头选择算法如表 4.1 所示。

表 4.1　基于安全性的用户分簇算法

输入：用户数 K，波束数 G，合法用户信道向量 $\boldsymbol{h}_k$，窃听者信道向量 $\boldsymbol{h}_E$。其中，$k=1,2,\cdots,K$，初始阈值 δ_E、δ_H

输出：簇头集合 Γ_H

1. 信道向量标准化处理，$\overline{\boldsymbol{h}}_k = \boldsymbol{h}_k / \|\boldsymbol{h}_k\|_2$，$\overline{\boldsymbol{h}}_E = \boldsymbol{h}_E / \|\boldsymbol{h}_E\|_2$

2. 合法用户按照信道增益降序排列，$\Lambda = [a_1, a_2, \cdots, a_K]$，其中 $a_K = \|\boldsymbol{h}_k\|_2$

3. 根据 δ_E 选出簇头候选集合，$\Gamma_C = \{i \in \Lambda \mid \|\overline{\boldsymbol{h}}_i \overline{\boldsymbol{h}}_E\| < \delta_E\}$

4. 在簇头候选集合中选出信道增益最大的为第一簇簇头 $\Gamma_H = \Gamma_C(1)$

5. 外层循环

6. 若 $\Gamma_C = \Phi$，则

7. 内层循环

8. 提升簇间信道相关阈值 δ_{H}

9. 根据阈值更新簇头候选集合 $\Gamma_{\mathrm{C}} = \{ i \in \Gamma_{\mathrm{H}} \|\| \bar{\boldsymbol{h}}_i^{\mathrm{H}} \bar{\boldsymbol{h}}_j \| < \delta_{\mathrm{H}}, \forall j \in \Gamma_{\mathrm{C}} \}$

10. 内层循环判断：$\Gamma_{\mathrm{C}} \neq \Phi$，是则跳出循环，否则返回第 7 步

11. 否则进入第 12 步

12. 根据阈值更新簇头候选集合 $\Gamma_{\mathrm{C}} = \{ i \in \Gamma_{\mathrm{H}} \|\| \bar{\boldsymbol{h}}_i^{\mathrm{H}} \bar{\boldsymbol{h}}_j \| < \delta_{\mathrm{H}}, \forall j \in \Gamma_{\mathrm{C}} \}$

13. 在更新簇头候选集合中选出信道增益最大的为下一簇簇头

14. 进入下一分簇 $g = g + 1$

15. 外层循环判断：簇头是否选完

16. 返回簇头用户集合 Γ_{H}

选出簇头后，根据簇头的 CSI 设计模拟预编码，使波束方向指向各个簇头用户。模拟预编码后的等效信道向量可表示为

$$\bar{\boldsymbol{h}}_k^{\mathrm{H}} = \boldsymbol{h}_k^{\mathrm{H}} \boldsymbol{A} \tag{4.14}$$

根据用户间的等效信道相关性可以实现用户间的分簇，具体实现方式是得出与用户等效信道相关性最大的簇头，选择该簇。

$$\bar{g} = \arg\max_{g \in \{1,2,\cdots,G\}} \frac{| \bar{\boldsymbol{h}}_k^{\mathrm{H}} \bar{\boldsymbol{h}}_{\Gamma_{\mathrm{H}}(g)} |}{\| \bar{\boldsymbol{h}}_k \|_2 \| \bar{\boldsymbol{h}}_{\Gamma_{\mathrm{H}}(g)} \|_2}, k \notin \Gamma_{\mathrm{H}} \tag{4.15}$$

提出的用户分簇算法使相同分簇内的用户具有较高的等效信道相关性，不同分簇内用户的等效信道相关性较低，有利于消除波束间干扰，从而提高复用增益。其中，用户分簇需要在完成模拟预编码，得出等效信道后方可实现，4.4 节将设计混合预编码。

4.4　混合预编码设计

4.4.1　模拟预编码设计

混合预编码部分采用全连接和部分连接两种结构，如图 4.2 所示。全连接结构共需要 $N_{\mathrm{TX}} \times N_{\mathrm{RF}}$ 个移相器将 N_{RF} 条射频链连接到 N_{TX} 根天线，以较高的复杂度获得所有天线的复用增益，系统性能也接近传统数字预编码。部分连接结构需要

与天线数目相同的 N_{TX} 个移相器，其将每条射频链连接到一个天线子阵列。假设每个天线子阵列的天线数目相同，且天线数 N_{TX} 是射频链数 N_{RF} 的整数倍，则每条射频链连接的天线个数为 $M_{TX} = N_{TX} / N_{RF}$，以牺牲系统性能换取低硬件复杂度和系统功耗开销。与全连接结构相比，部分连接结构由于采用部分天线阵列导致传输速率较低，但其硬件复杂度更低且节能[40]。

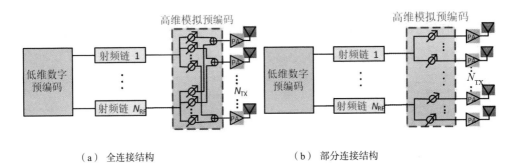

（ a ）　全连接结构　　　　　　　　　　（ b ）　部分连接结构

图 4.2　混合预编码结构

模拟预编码矩阵维度为 $N_{TX} \times N_{RF}$，则全连接和部分连接的模拟预编码矩阵结构分别为

$$A_{F} = \left[\overline{a}_1^{F}, \overline{a}_2^{F}, \cdots, \overline{a}_{N_{RF}}^{F} \right] \tag{4.16}$$

$$A_{S} = \begin{bmatrix} \overline{a}_1^{S} & 0 & \cdots & 0 \\ 0 & \overline{a}_2^{S} & & 0 \\ \vdots & & \ddots & \vdots \\ 0 & 0 & \cdots & \overline{a}_{N_{RF}}^{S} \end{bmatrix} \tag{4.17}$$

式中，$\overline{a}_n^{F}$ 是维度为 $N_{TX} \times 1$ 的向量；$\overline{a}_n^{S}$ 是维度为 $M_{TX} \times 1$ 的向量。

$\overline{a}_n^{F}$、$\overline{a}_n^{S}$ 中由于每条射频链分别连接了 N_{TX} 和 M_{TX} 个移相器，因此非零元素幅度分别为 $1/\sqrt{N_{TX}}$ 和 $1/\sqrt{M_{TX}}$。另外，每个元素中的相位表示每个移相器的相位偏移，移相器采用数字电路实现，因此相移个数为有限个。假设采用 B 比特的量化移相器，则能够实现 2^B 个相移。针对全连接和部分连接两种结构，可得 $\overline{a}_n^{F}$、$\overline{a}_n^{S}$ 中元素的集合为

$$\frac{1}{\sqrt{N_{\text{TX}}}}\left\{ \text{e}^{\text{j}\frac{2\pi n}{2^B}}, n = 0, 1, \cdots, 2^B - 1 \right\} \tag{4.18}$$

$$\frac{1}{\sqrt{M_{\text{TX}}}}\left\{ \text{e}^{\text{j}\frac{2\pi n}{2^B}}, n = 0, 1, \cdots, 2^B - 1 \right\} \tag{4.19}$$

根据 4.3 节获得的簇头用户，模拟预编码可根据簇头用户 CSI 设计，即使移相器产生的相位与簇头用户 CSI 相位相近。针对全连接结构，$\bar{\boldsymbol{a}}_n^{\text{F}}$ 中第 $g(g = 1, \cdots, G)$ 个分簇的第 i 个元素可表示为

$$\bar{\boldsymbol{a}}_g^{\text{F}}(i) = \frac{1}{\sqrt{N_{\text{TX}}}}\text{e}^{\text{j}\frac{2\pi \bar{n}^{\text{F}}}{2^B}}, \quad i = 1, \cdots, N_{\text{TX}} \tag{4.20}$$

式中：

$$\bar{n}^{\text{F}} = \underset{n \in \{0, 1, \cdots, 2^B - 1\}}{\arg\min}\left| \text{angle}(\boldsymbol{h}_{\Gamma_{\text{H}}(g)}(i)) - \frac{2\pi n}{2^B} \right| \tag{4.21}$$

同理，可得部分连接结构中第 i 个元素为

$$\bar{\boldsymbol{a}}_g^{\text{S}}(i) = \frac{1}{\sqrt{M_{\text{TX}}}}\text{e}^{\text{j}\frac{2\pi \bar{n}^{\text{S}}}{2^B}}, i = (g-1)M_{\text{TX}} + 1, (g-1)M_{\text{TX}} + 2, \cdots, gM_{\text{TX}} \tag{4.22}$$

$$\bar{n}^{\text{S}} = \underset{n \in \{0, 1, \cdots, 2^B - 1\}}{\arg\min}\left| \text{angle}[\boldsymbol{h}_{\Gamma_{\text{H}}(g)}(i)] - \frac{2\pi n}{2^B} \right| \tag{4.23}$$

4.4.2　数字预编码设计

完成模拟预编码和用户分组设计后，为消除波束间干扰，数字预编码的设计实际上转换成传统的 MIMO–NOMA 数字预编码问题。文献［22］证明了 ZF 编码能以较低的复杂度取得接近最优的性能，且满足下行链路多用户信号传输的需求。因此，本书数字预编码采用低复杂度 ZF 预编码，根据每个波束中等效信道增益最高的用户进行预编码，等效信道增益如式（4.14）所示。

假设第 m_g 个用户在第 g 个分簇中拥有最高的等效信道增益，根据式（4.14）可得等效信道矩阵为

$$\overline{\boldsymbol{H}} = \left[\bar{\boldsymbol{h}}_{m_1}, \bar{\boldsymbol{h}}_{m_2}, \cdots, \bar{\boldsymbol{h}}_{m_g} \right] \tag{4.24}$$

式中，$\bar{\boldsymbol{h}}_{m_g}$ 表示第 g 个分簇中的最大等效信道增益向量。

由此可得大小为 $N_{RF} \times N_{RF}$ 的数字预编码矩阵为

$$\overline{D} = [\overline{d}_1, \overline{d}_2, \cdots, \overline{d}_g] = \overline{H}(\overline{H}^H \overline{H})^{-1} \quad (4.25)$$

因要满足条件 $\|A d_i\|_2 = 1$，故对数字预编码向量 $\overline{d}_g$ 做标准化处理，可得第 g 个分簇的数字预编码为

$$d_g = \frac{\overline{d}_g}{\|A\overline{d}_g\|_2} \quad (4.26)$$

综上所述，为获得较高的天线阵列增益和复用增益，分别设计了用户分组算法和混合预编码，至此整个系统模型搭建完成。4.5 节将研究功率分配优化算法，尽可能提高式（4.13）的安全速率。

4.5　安全速率最大化问题及其求解

4.5.1　安全速率最大化问题

本节主要研究合法用户功率分配优化问题，使系统的安全速率达到最大。系统接收端存在 K 个合法用户和一个窃听者，在完成用户分组和混合预编码后，假设每簇的合法用户根据信道增益的强弱顺序排序，则第 $k(k \in \{1, \cdots, K\})$ 个合法用户被分配在第 g 个簇中第 m 个位置。由式（4.13）可得系统的安全速率，形成系统安全速率最大化问题，还要满足基站总发射功率限制和合法用户的传输 QoS 约束，最终形成如下优化问题：

$$P_1 : \max_{P_{g,m}} \sum_{g=1}^{G} \sum_{m=1}^{M_g} R_{g,m}^{sec}$$

$$s.t. C_1 : P_{g,m} \geqslant 0$$

$$C_2 : \sum_{g=1}^{G} \sum_{m=1}^{M_g} p_{g,m} \leqslant P_{max} \quad (4.27)$$

$$C_3 : R_{g,m} \geqslant R_{g,m}^{min}$$

式中，$R_{g,m}^{sec} = R_{g,m} - R_{g,m}^{E}$ 为合法用户（g，m）的安全速率；条件 C_1 为分配给合法用户（g，m）的发射功率，必须为正；C_2 为基站总发射功率约束，分配给所有用户的总发射功率不能超过 P_{max}；C_3 为每个合法用户的数据速率约束；$R_{g,m}^{min}$ 为合

法用户（g，m）最小数据速率需求。

在式（4.27）中,由目标函数 P_1 和约束条件 C_3 的 Hessian 矩阵可得两者非凸,因此式（4.27）是一个非凸问题, 直接求得最优解十分具有挑战性。针对该棘手问题, 首先处理约束条件 C_3, 将其转换成如下形式:

$$C_3 : \log_2\left(1+\frac{\|\bar{\boldsymbol{h}}_{g,m}^{\mathrm{H}}\boldsymbol{d}_g\|_2^2 \, p_{g,m}}{\|\bar{\boldsymbol{h}}_{g,m}^{\mathrm{H}}\boldsymbol{d}_g\|_2^2 \sum_{j=1}^{m-1} p_{g,j}+\sum_{i\ne g}\|\bar{\boldsymbol{h}}_{g,m}^{\mathrm{H}}\boldsymbol{d}_i\|_2^2\sum_{j=1}^{M_i} p_{i,j}+\sigma_v^2}\right)\ge R_{g,m}^{\min} \tag{4.28}$$

$$\Rightarrow \overline{C}_3 : \|\bar{\boldsymbol{h}}_{g,m}^{\mathrm{H}}\boldsymbol{d}_g\|_2^2 \, p_{g,m}\ge (2^{R_{g,m}^{\min}}-1)\left(\|\bar{\boldsymbol{h}}_{g,m}^{\mathrm{H}}\boldsymbol{d}_g\|_2^2 \sum_{j=1}^{m-1} p_{g,j}+\sum_{i\ne l}\|\bar{\boldsymbol{h}}_{g,m}^{\mathrm{H}}\boldsymbol{d}_i\|_2^2\sum_{j=1}^{M_i} p_{i,j}+\sigma_v^2\right)$$

约束条件 C_3 等价转换为 $\overline{C}_3$ 后, 可以发现其变成了一个一阶多项式的不等式形式, 因此 C_3 转化为凸约束。

其次, 针对式（4.27）中 P_1 的非凸问题, 需进一步优化使之变成一个凸函数, 将 $R_{g,m}^{\mathrm{sec}}$ 进一步变形可得

$$\begin{aligned} R_{g,m}^{\mathrm{sec}} &= R_{g,m}-R_{g,m}^{\mathrm{E}}\\ &=\log_2(1+\mathrm{SINR}_{g,m})-\log_2(1+\mathrm{SINR}_{g,m}^{\mathrm{E}})\\ &=\log_2\left(\frac{\|\bar{\boldsymbol{h}}_{g,m}^{\mathrm{H}}\boldsymbol{d}_g\|_2^2\sum_{j=1}^{m} p_{g,j}+\sum_{i\ne g}\|\bar{\boldsymbol{h}}_{g,m}^{\mathrm{H}}\boldsymbol{d}_i\|_2^2\sum_{j=1}^{M_i} p_{i,j}+\sigma_v^2}{\|\bar{\boldsymbol{h}}_{g,m}^{\mathrm{H}}\boldsymbol{d}_g\|_2^2\sum_{j=1}^{m-1} p_{g,j}+\sum_{i\ne g}\|\bar{\boldsymbol{h}}_{g,m}^{\mathrm{H}}\boldsymbol{d}_i\|_2^2\sum_{j=1}^{M_i} p_{i,j}+\sigma_v^2}\right)\\ &\quad -\log_2\left(\frac{\sum_{i=1}^{G}\|\bar{\boldsymbol{h}}_E^{\mathrm{H}}\boldsymbol{d}_i\|_2^2\sum_{j=1}^{M_i} p_{i,j}+\sigma_E^2}{\|\bar{\boldsymbol{h}}_E^{\mathrm{H}}\boldsymbol{d}_g\|_2^2\sum_{j\ne m} p_{g,j}+\sum_{i\ne g}\|\bar{\boldsymbol{h}}_E^{\mathrm{H}}\boldsymbol{d}_i\|_2^2\sum_{j=1}^{M_i} p_{i,j}+\sigma_E^2}\right) \end{aligned} \tag{4.29}$$

引入 $e_{g,m}$、$\xi_{g,m}$、$e_{g,m}^{\mathrm{E}}$ 和 $\xi_{g,m}^E$ 可得

$$e_{g,m}=\|\bar{\boldsymbol{h}}_{g,m}^{\mathrm{H}}\boldsymbol{d}_g\|_2^2\sum_{j=1}^{m} p_{g,j}+\sum_{i\ne g}\|\bar{\boldsymbol{h}}_{g,m}^{\mathrm{H}}\boldsymbol{d}_i\|_2^2\sum_{j=1}^{M_i} p_{i,j}+\sigma_v^2 \tag{4.30}$$

$$\xi_{g,m}=\|\bar{\boldsymbol{h}}_{g,m}^{\mathrm{H}}\boldsymbol{d}_g\|_2^2\sum_{j=1}^{m-1} p_{g,j}+\sum_{i\ne g}\|\bar{\boldsymbol{h}}_{g,m}^{\mathrm{H}}\boldsymbol{d}_i\|_2^2\sum_{j=1}^{M_i} p_{i,j}+\sigma_v^2 \tag{4.31}$$

$$e_{g,m}^{\mathrm{E}}=\sum_{i=1}^{G}\|\bar{\boldsymbol{h}}_E^{\mathrm{H}}\boldsymbol{d}_i\|_2^2\sum_{j=1}^{M_i} p_{i,j}+\sigma_E^2 \tag{4.32}$$

$$\xi_{g,m}^E = \| \overline{h}_E^H d_g \|_2^2 \sum_{j \neq m} p_{g,j} + \sum_{i \neq g} \| \overline{h}_E^H d_i \|_2^2 \sum_{j=1}^{M_i} p_{i,j} + \sigma_E^2 \qquad (4.33)$$

式（4.29）可代换为

$$
\begin{aligned}
R_{g,m}^{sec} &= \log_2\left(\frac{e_{g,m}}{\xi_{g,m}}\right) - \log_2\left(\frac{e_{g,m}^E}{\xi_{g,m}^E}\right) \\
&= [\log_2(e_{g,m}) - \log_2(\xi_{g,m})] - [\log_2(e_{g,m}^E) - \log_2(\xi_{g,m}^E)] \\
&= \log_2(e_{g,m}) - \log_2(\xi_{g,m}) - \log_2(e_{g,m}^E) + \log_2(\xi_{g,m}^E)
\end{aligned} \qquad (4.34)
$$

式中，$e_{g,m}$ 和 $\xi_{g,m}^E$ 为关于 $p_{i,j}$ 的一次多项式，因此经过对数运算后，$\log_2(e_{g,m})$ 与 $\log_2(\xi_{g,m}^E)$ 也为凸函数[119]。

但是，$-\log_2(\xi_{g,m})$ 与 $-\log_2(e_{g,m}^E)$ 两项依然为非凸函数，因此采用一阶泰勒展开式将非凸项转换成凸形式。假设其一阶泰勒展开式在点集 $\{\overline{p}_{i,j}\}(i=1,\cdots,G \quad j=1,\cdots,M_i)$ 展开，$\{\overline{p}_{i,j}\}$ 为定义域内的可求解，$\overline{\xi}_{g,m}$ 和 $\overline{e}_{g,m}^E$ 分别是 $\xi_{g,m}$ 和 $e_{g,m}^E$ 代入点集 $\{\overline{p}_{i,j}\}$ 所得的值，即

$$\overline{\xi}_{g,m} = \| \overline{\boldsymbol{h}}_{g,m}^H \boldsymbol{d}_g \|_2^2 \sum_{j=1}^{m-1} \overline{p}_{g,j} + \sum_{i \neq g} \| \overline{\boldsymbol{h}}_{g,m}^H \boldsymbol{d}_i \|_2^2 \sum_{j=1}^{M_i} \overline{p}_{i,j} + \sigma_v^2 \qquad (4.35)$$

$$\overline{e}_{g,m}^E = \sum_{i=1}^{G} \| \overline{\boldsymbol{h}}_E^H \boldsymbol{d}_i \|_2^2 \sum_{j=1}^{M_i} \overline{p}_{i,j} + \sigma_E^2 \qquad (4.36)$$

可将 $\log_2(\xi_{g,m})$ 转化为一阶泰勒展开式的形式，为

$$
\begin{aligned}
\Xi_{g,m} &= \log_2(\xi_{g,m}) \\
&= \log_2(\overline{\xi}_{g,m}) + \sum_{g=1}^{G} \sum_{m=1}^{M_g} \frac{\partial \log_2(\xi_{g,m})}{\partial p_{g,m}}(p_{g,m} - \overline{p}_{g,m}) \\
&= \log_2(\overline{\xi}_{g,m}) + \frac{1}{\log_2(\overline{\xi}_{g,m})}\left[\| \overline{\boldsymbol{h}}_{g,m}^H \boldsymbol{d}_g \|_2^2 \sum_{j=1}^{m-1}(p_{g,j} - \overline{p}_{g,j})\right. \\
&\quad \left. + \sum_{i \neq g} \| \overline{\boldsymbol{h}}_{g,m}^H \boldsymbol{d}_i \|_2^2 \sum_{j=1}^{M_i}(p_{i,j} - \overline{p}_{i,j})\right]
\end{aligned} \qquad (4.37)
$$

由式（4.37）可得，$\log_2(\xi_{g,m})$ 转化为多元一次函数的形式。同理可得 $\log_2(e_{g,m}^E)$ 的一阶泰勒展开式，为

$$
\begin{aligned}
\varPsi_{g,m}^{\mathrm{E}} &= \log_2(e_{g,m}^{\mathrm{E}}) \\
&= \log_2(\bar{e}_{g,m}^{\mathrm{E}}) + \sum_{g=1}^{G}\sum_{m=1}^{M_g}\frac{\partial \log_2(e_{g,m}^{\mathrm{E}})}{\partial p_{g,m}}(p_{g,m}-\bar{p}_{g,m}) \\
&= \log_2(\bar{e}_{g,m}^{\mathrm{E}}) + \frac{\displaystyle\sum_{g=1}^{G}\|\bar{\boldsymbol{h}}_E^{\mathrm{H}}\boldsymbol{d}_g\|_2\sum_{m=1}^{M_g}(p_{g,m}-\bar{p}_{g,m})}{\log_2(\bar{e}_{g,m}^{\mathrm{E}})}
\end{aligned}
\tag{4.38}
$$

结合式（4.34）、式（4.37）和式（4.38），式（4.27）目标函数 P_1 中的 $R_{g,m}^{\mathrm{sec}}$ 可以转换成一个近似的凸函数形式 $R_{g,m}^{\mathrm{sec}\prime}$，为

$$
R_{g,m}^{\mathrm{sec}\prime}=\log_2(e_{g,m})+\log_2(\xi_{g,m}^{\mathrm{E}})-\Xi_{g,m}-\varPsi_{g,m}^{\mathrm{E}}
\tag{4.39}
$$

结合式（4.28）中的约束条件 $C_{\bar{3}}$，式（4.27）非凸问题转换成凸问题，将式（4.31）的中 $\xi_{g,m}$ 代入 $C_{\bar{3}}$，可得一个近似的凸优化问题：

$$
\begin{aligned}
&P_2: \max_{p_{g,m}} \sum_{g=1}^{G}\sum_{m=1}^{M_g} R_{g,m}^{\mathrm{sec}\prime}\\
&\mathrm{s.t.}\,C_1: p_{g,m}\geqslant 0\\
&\quad\; C_2: \sum_{g=1}^{G}\sum_{m=1}^{M_g} p_{g,m}\leqslant P_{\max}\\
&\quad\; \overline{C}_3: \|\bar{\boldsymbol{h}}_{g,m}^{\mathrm{H}}\boldsymbol{d}_g\|_2^2\, p_{g,m}\geqslant (2^{R_{g,m}^{\min}}-1)\,\xi_{g,m}
\end{aligned}
\tag{4.40}
$$

由此原非凸问题转换成了一个凸优化问题，可以通过经典的 CVX 凸优化工具箱进行求解。

4.5.2　基于 SCA 的功率分配算法

4.5.1 小节将原非凸问题转换成了一个凸问题，由于 $R_{g,m}^{\mathrm{sec}\prime}$ 是 $R_{g,m}^{\mathrm{sec}}$ 经过一阶泰勒展开后的近似值，式（4.40）求得的最优解并非原非凸问题式（4.27）的最优解。因此，可采用 SCA 算法逐渐逼近原问题的解。SCA 算法主要应用于求解目标函数非凸和条件约束非凸的情况，通过迭代求解一系列与原问题相似的凸优化问题，逐步逼近局部最优解，当最终收敛条件成立时，得到的解便可以近似看成原问题的解。设计基于 SCA 的功率分配算求解原优化问题，具体算法如表 4.2 所示。

表 4.2　基于 SCA 的功率分配算法

输入：用户分簇 M_g，模拟预编码矩阵 A，数字预编码矩阵 D，基站总发射功率约束 $P_{\max}$，合法用户的数据速率约束 $R_{g,m}^{\min}$

输出：分配功率 $p_{g,m}$

1. 初始化设置，迭代次数 n，任意定义域内的可求解集合 $\{p_{g,m}^{[0]}\}$

2. 循环

3. 利用凸优化工具包求解式（4.38），得出最优解 $\{p_{g,m}^{*}\}$

4. 更新最优解 $p_{g,m}^{[n]} = p_{g,m}^{*}$

5. 循环判断：$p_{g,m}^{*}$ 是否收敛，是则跳出，否则返回第 2 步

6. 返回 $p_{g,m}^{[n]}$

通过表 4.2 迭代算法可以得出最终的功率分配方案，首先取 $p_{g,m}$ 在定义域内的一组可行值代入式（4.38）求得最优解，然后将其作为下一次迭代的可行值继续求解直到收敛，得到最终解。由于所提算法对求得解迭代更新，第 n 次迭代的解为第 $(n+1)$ 次迭代的可行解，这意味着第 $(n+1)$ 次迭代获得的优化值不小于第 n 次迭代获得的优化值，即迭代得出的最大安全速率将逐渐递增或保持。此外，由于约束条件 C_2 功率的限制，安全速率存在上界，因此所提算法具有收敛性，至少能得到一个局部最优解。

4.5.3　计算复杂度分析

本小节将对安全频谱效率最大化问题中所提的基于 SCA 的功率分配算法的计算复杂度进行分析。假设计算精度为 ε，算法迭代次数记为 I。

式（4.40）具有多项式复杂度，包括 K 个变量、$2K+1$ 个线性约束。式（4.40）得到最优解所需的迭代次数为 $\sqrt{2K+1}$，每次迭代的计算复杂度为

$$C_{\text{ite}} = n\left[(2K+1)+n^2(2K+1)+n^2\right] \qquad (4.41)$$

式中，$n=K$，为变量总数。

所提算法的计算复杂度为

$$O\left(nI\sqrt{2K+1}\left[(2K+1)+n^2(2K+1)+n^2\right]\log_2(1/\varepsilon)\right) \qquad (4.42)$$

4.6 性能仿真与分析

4.6.1 仿真参数

为验证毫米波大规模 MIMO–NOMA 系统下所提方案的安全性能，本节通过实验仿真对所提方案得到的安全速率进行分析。仿真参数如表 4.3 所示[7, 24, 40]。

表 4.3 仿真参数

参数	数值
载波频率	18GHz
噪声功率谱密度	–174dBm/Hz
系统带宽	20MHz
基站天线	N_{TX}=64
射频链数目	N_{RF}=4，8
合法用户数	K=10
移相器相位比特	B=4

基站配备 8×8 的均匀平面阵列天线，由 N_{RF} 条射频链服务 K 个合法用户，其中，分簇和射频链数目相同 $G = N_{\mathrm{RF}}$，假设 10 个合法用户被分为 4 簇和 8 簇两种情况，并且每簇至少有一个合法用户。合法用户（g, m）和窃听者的信道模型根据式（4.2）生成，其中假设传播路径 $L_{g,m} = 3$，它包括一个 LoS，其复增益服从高斯分布 $\alpha_{g,m}^{l} \sim \mathrm{CN}(0,1)$；另外还包括两个 NLoS，同样服从高斯分布 $\alpha_{g,m}^{l} \sim \mathrm{CN}(0,10^{-1})(l = 2,3)$，水平方向角 $\varphi_{g,m}^{l}$ 和垂直方向角 $\theta_{g,m}^{l}$ 服从均匀分布 $U[0,2\pi)$。

根据 4.5 节中所提的优化方案，可以得出安全速率最大时的功率分配方案。在模拟仿真中，主要针对以下 5 种系统进行比较。

1）传统的 ZF 数字预编码系统，每根天线均连接一条射频链，因此射频链数目 $N_{\mathrm{RF}}^{\mathrm{ZF}} = 64$，预编码部分为传统全数字预编码。

2）基于全连接的混合预编码 MIMO–NOMA 系统，采用混合预编码。

3）基于全连接的混合预编码 MIMO–OMA 系统，簇内用户采用正交频分资源分配方案。

4）基于部分连接的混合预编码 MIMO–NOMA 系统。

5）基于部分连接的混合预编码 MIMO–OMA 系统。

另外，在保证系统的安全频谱效率前提下，为了突出绿色通信，系统的安全能效也被视为一个重要的性能指标。定义系统安全能效，如式（4.43）所示[72-77]。

$$\eta_{\text{SEE}} = \frac{R^{\text{sec}}}{P_{\text{T}} + P_{\text{C}}} \quad\quad (4.43)$$

式中，$P_{\text{T}} + P_{\text{C}}$ 为系统总功耗，包括基站电路功耗 $P_{\text{C}} = N_{\text{RF}}P_{\text{RF}} + N_{\text{PS}}P_{\text{PS}} + P_{\text{B}}$ 和发射总功耗 P_{T}，基站电路功耗包括射频链、移相器和基带信号处理的电路功耗，分别用 P_{RF}=300mW、P_{PS}=40mW 和 P_{B}=200mW 表示[40, 120]。

其中，传统的全数字预编码系统不存在移相器。

4.6.2 算法收敛性

图 4.3 给出了 4.4 节中提出的全连接和部分连接结构功率分配优化迭代算法的收敛性，进一步验证了前文中关于所提算法收敛性的分析。从图 4.3 中可发现，部分连接结构在迭代 7 次后逐渐收敛，全连接结构在迭代 12 次后逐渐收敛，这是由于部分连接结构所连接天线数较少，计算复杂度较低。

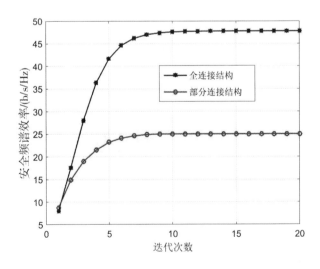

图 4.3　基于 SCA 的迭代算法收敛

4.6.3　不同预编码结构系统性能对比

图 4.4 给出了在传统全数字预编码、全连接混合预编码和部分连接混合预编码 3 种情况下，系统安全频谱效率随基站总功率限制 P_{max} 变化的曲线。总体来说，所有结构的安全频谱效率均随着总发射功率限制的增大而提升。其中，传统全数字预编码结构的安全频谱效率优于混合预编码结构，这是由于全数字预编码可任意调节发射信号的幅度和相位，从而获得最大的复用增益，这是以较大的硬件成本和功耗换来的。同时，在较低发射功率或者较小信噪比情况下，当 $P_{max} \leqslant 0\,dB$ 时，数字 ZF 预编码与全连接结构预编码的安全频谱效率相近，随着发射功率提升，两者才出现明显差别，因此在小信噪比时，全连接结构以较低的硬件开销使安全频谱效率并未产生较大损失。另外，对混合预编码两种结构进行比较，全连接结构的安全频谱效率大于部分连接结构，因为全连接结构的波束是由所有天线实现的全阵列增益，而部分连接结构只连接到一个子天线阵列，每个子阵列连接的天线数为 $N_{TX}\,/\,N_{RF}$ 根，部分连接结构大大减少了模拟预编码器中移相器的个数。因此，在更大天线阵列的场景下，部分连接结构在系统功耗和硬件成本上将更具优势。

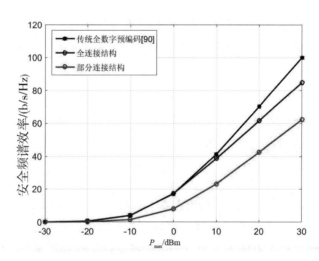

图 4.4　不同预编码结构安全频谱效率

图 4.5 表示当系统在总功率限制因素 P_{max} 下达到最大系统安全频谱效率时系统的安全能效曲线，同样对传统全数字预编码、全连接混合预编码和部分连接混合预编码 3 种结构进行了对比。从安全能效总体趋势来看，3 种结构均在总功率限制 $P_{max} \leqslant 0\,dBm$ 时，安全能效值逐步提升，在 0dBm 时达到最大。这是由于总

发射功率较小时，即 $P_T \ll P_C$，发射总功率 P_T 提升将提高式（4.40）的分子，即系统的安全速率，而对分母代表的系统功耗主要取决于固定的硬件功耗 P_C，因此安全能效在此阶段逐渐上升。当 $P_{max} > 0\,\mathrm{dBm}$ 时，安全能效随着功率的提升逐渐降低，这是由于随着发射总功率 P_T 提升，使其在分母上的权重越来越大，而分子代表的安全速率的增加已无法补偿发射功率的消耗，使得安全能效逐渐降低。

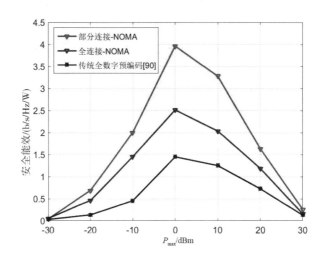

图 4.5　不同预编码结构安全能效对比

对比 3 种结构的安全能效曲线，传统全数字预编码的安全能效最低，这是由于巨大的射频链数目导致了高额的硬件功耗，尤其在超大规模 MIMO 系统中，这种功耗是无法接受的。同时，部分连接结构的安全能效优于全连接结构，这是由于虽然部分连接仅能获得子天线阵列的增益，损失了一定的安全速率，但在硬件电路上，移相器数目相比全连接结构减少了 $N_{TX} \times (N_{RF} - 1)$ 个，由此使得安全能效大幅提升。结合图 4.4 与图 4.5 可知，在 $P_{max} = 0\,\mathrm{dBm}$ 时，全连接结构混合预编码方案相比传统全数字预编码在达到相同安全速率情况下，安全能效指标提升了 60%。

综上所述，对系统安全传输速率要求高的场景，采用全连接的混合预编码结构；若对成本和功耗都有要求，可以折中选择全连接结构或部分连接结构。

4.6.4　不同射频链系统性能对比

除了采用不同的连接结构对系统安全速率和安全能效有影响外，射频链数量的变化同样会对系统安全性能产生影响。图 4.6 对比了传统全数字预编码、全连接混合预编码 8 射频链和全连接混合预编码 4 射频链的安全频谱效率。由图 4.6 中可以看出，8 射频链相比于 4 射频链，能够提供更多的波束，波束的指向性更强，并且分簇增加使得簇内用户减少，降低了簇内干扰，因此更高的射频链拥有更高的安全速率。

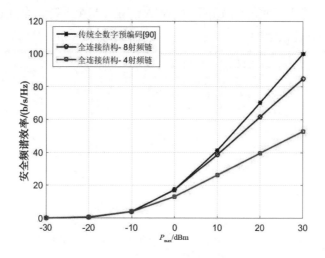

图 4.6　不同射频链安全频谱效率对比

图 4.7 对比了传统全数字预编码、部分连接混合预编码 8 射频链和部分连接混合预编码 4 射频链的安全能效，虽然射频链可以提升安全速率，但是也带来了基站电路中射频链的硬件电路功耗，因此较多的射频链有着较大的功耗开销，导致系统安全能效降低。

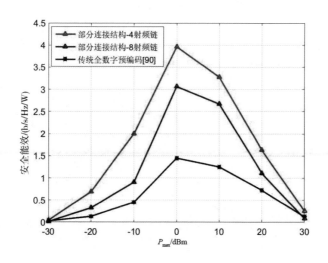

图 4.7　不同射频链安全能效对比

4.6.5 NOMA、OMA 系统性能对比

图4.8给出了在NOMA和OMA系统下的安全频谱效率随总功率的变化情况。显然，在相同的场景下，NOMA系统的安全频谱效率优于OMA系统，验证了NOMA系统的优势。此外，无论是NOMA还是OMA系统，全连接结构的频谱效率都优于部分连接结构。

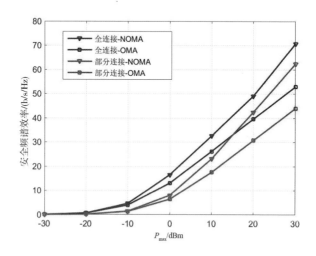

图 4.8　NOMA、OMA 安全频谱效率对比

图 4.9 为 NOMA 和 OMA 系统的安全能效对比。由于在相同的场景下NOMA 系统的安全频谱效率优于 OMA 系统，因此在相同发射功率和硬件功耗情况下，NOMA 系统的安全能效同样优于 OMA 系统。

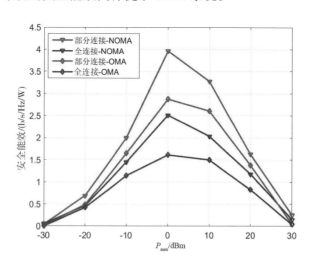

图 4.9　NOMA、OMA 安全能效对比

4.6.6　用户分簇方案安全性能对比

图 4.10 对比了不同分簇方案下系统的窃听频谱效率，对比文献［40］的用户分簇方案，本书所提方案可以更好地抑制窃听者的窃听速率，这是由于本书方案下生成的波束尽量避开了窃听者方向，所以窃听速率更低。图 4.11 对比了不同分簇方案下系统的安全频谱效率，由于本书方案有效抑制了窃听速率，因此系统的安全速率更高，进一步验证了所提分簇方案在系统物理层安全方面的优势。

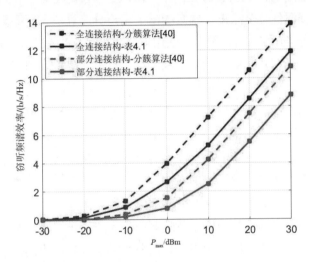

图 4.10　用户分簇窃听频谱效率对比

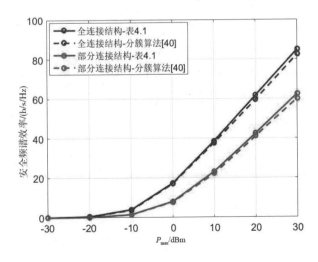

图 4.11　用户分簇安全频谱效率对比

本 章 小 结

本章研究了毫米波大规模 MIMO–NOMA 系统物理层安全的问题，主要涵盖了系统建模、用户分簇算法、混合预编码设计、优化问题形成和安全速率最大化功率分配算法、模拟仿真 5 个部分。

首先，建立了基于物理层安全的毫米波大规模 MIMO–NOMA 系统模型，后续章节均在此基础上开展相关研究工作。在构建模型的基础上，为有效提高系统安全性，降低资源优化复杂度，本章提出了用户分簇算法。所提算法一是使分簇后的波束尽可能避开窃听者，覆盖合法用户，在空间维度提升系统安全；二是使相同分簇内的用户具有较高的等效信道相关性，尽可能降低簇间用户的等效信道相关性。

其次，分别设计了混合模拟预编码和混合数字预编码。模拟预编码在用户分簇的基础上，分别设计了适用于全连接结构和部分连接结构的预编码矩阵，形成高方向性波束服务各个分簇。数字预编码旨在消除波束间干扰，采用了性能优越并且复杂度较低的 ZF 预编码。

最后，形成一个优化发送功率的安全速率最大化问题。为求解所形成的优化问题，先利用一阶泰勒级数把原非凸问题转化为凸优化问题，然后提出一种迭代算法获得问题的解。仿真结果表明，与传统数字编码系统相比，本书所提方案以牺牲较低的安全速率为代价换来了安全能效的大幅提升，并且基于混合预编码的 NOMA 系统比 OMA 系统具有更高的安全速率。

本章对系统的安全速率进行了优化设计，但从仿真结果可以看出，虽然安全速率得到了优化，但是安全能效随着发射功率的增大急剧降低；虽然安全通信得到了保障，但是绿色通信指标被忽略。因此，后续章节研究的主要问题是在保证安全速率的前提下，进一步提升系统的安全能效，以达到绿色通信和安全通信的平衡。

第 5 章　基于 SWIPT 的毫米波大规模 MIMO-NOMA 系统安全能效研究

5.1 引　言

第 4 章建立了存在窃听者的毫米波大规模 MIMO-NOMA 系统模型，以系统安全速率最大化为目标，提出了相应的用户分簇、模拟预编码及用户功率分配算法。由仿真结果可得，虽然安全通信得到了保障，但是绿色通信指标被忽略，安全能效随着发射功率的增大急剧降低。研究表明，5G 系统的功耗为 4G 的近百倍[6]，为合理利用能源，SWIPT 技术随之出现，其把接收的射频信号转换为能量给移动端的电池供电，被认为是未来拥有海量设备接入的物联网网络的关键技术[121-125]。但用户间能量信号和信息信号的耦合不利于信息解码，因此如何有效平衡信息传输和能量收集是多用户系统面临的一大挑战。

近年来，联合毫米波、SWIPT 和 NOMA 等技术研究如何保证信息安全传输成为热点[126-129]。文献［126］考虑存在多个无源窃听者的毫米波 SWIPT-NOMA 中继网络，由一个信源通过中继向具有不同通信需求的物联网设备提供服务，得到了物联网设备在随机中继选择方案和机会中继选择方案下的能量信息覆盖概率。文献［104，127］研究对比了 NOMA 和 OMA 两种方案下行毫米波 SWIPT 网络的安全性能，在存在多个被动窃听者的情况下，采用方向调制技术提高系统安全速率。文献［128］研究了 SWIPT 系统中的安全能效最大化问题，通过加入保密信号的功率、人工噪声功率和信噪比来最大化安全能效，通过拉格朗日松弛法，将原问题转化为一个两层优化问题求解。文献［129］研究了具有 SWIPT 功能的毫米波物联网系统的安全速率优化问题，联合优化数字预编码、人工噪声和功率分裂因子，提出一种基于半定松弛的交替优化算法。

但是，上述文献仅研究如何提高系统安全传输速率，并未结合 5G 的毫米波、大规模 MIMO 及 NOMA 等技术，综合考虑系统安全能效问题。因此，本章研究了基于 SWIPT 的毫米波大规模 MIMO-NOMA 系统下如何提高安全能效的问题。本章沿用第 4 章中的系统模型，并在合法用户上配备用于 SWIPT 通信的功率分裂器。功率分裂器把接收信号分为两部分，一部分用于信息解码，另一部分转化为能量。接着，提出一个优化发送功率及其功率分裂系数的安全能效最大化问题，为求解该棘手的非凸问题，提出基于 Dinkelbach 和 SCA 的两种迭代算法获得问题的解。仿真结果表明，与传统数字编码系统相比，本章所提方案可以获得更高的安全能效。

5.2　基于 SWIPT 的毫米波大规模 MIMO-NOMA 系统建模

本章沿用第 4 章的系统模型，考虑一个基于 SWIPT 的毫米波大规模 MIMO-NOMA 系统，其中有 K 个合法用户和 1 个窃听者，如图 5.1 所示。与第 4 章不同的是，本章在合法用户端装配了 PS 型功率分裂器，将接收信号分为信息解码和能量转化两部分。

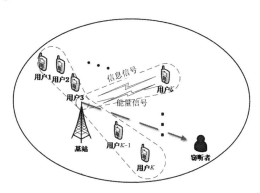

图 5.1　基于 SWIPT 的毫米波大规模 MIMO-NOMA 系统模型

基站端装配 N_{RF} 个射频链和 N_{TX} 根天线（ $K \geqslant N_{RF}$ ），混合预编码沿用第 4 章中的方法，采用全连接和部分连接两种结构，全连接结构每条射频链通过 N_{TX} 个移相器连接到所有天线，共需要 $N_{TX} \times N_{RF}$ 个移相器。部分连接结构每个射频链仅连接到一个子天线阵列，假设每个射频链连接 N_{TX} / N_{RF} 根天线且为整数，基站需要 N_{TX} 个移相器。

假设每条射频链产生的波束仅覆盖一个分簇，并且每个分簇内至少拥有一名合法用户，首先根据分簇数目选出各个分簇的簇头用户，具体的用户分簇算法参考第 4 章；然后依据簇头用户信道向量设计混合模拟预编码，生成相应的波束；最后，使一个波束通过 NOMA–SIC 技术服务该簇内的多个合法用户。假设将 K 个合法用户分组为 G 个簇 $G = N_{\text{RF}}$，并且所有合法用户分簇集合用 $M_g(g \in \{1, \cdots, G\})$ 表示，代表第 g 个分簇中合法用户的集合。

利用 NOMA 和 SIC 技术消除波束内较弱信道增益信号对较强信号的干扰，假设每个分簇中的合法用户根据信道增益按强弱顺序进行排列，假设第 $k(k \in \{1, \cdots, K\})$ 个用户最终被分配到第 g 个簇中的第 m 个位置，记为合法用户 (g, m) 或合法用户 (k)，最终通过 SIC 技术得到接收信号为

$$
\overline{y}_{g,m} = \underbrace{\boldsymbol{h}_{g,m}^{\text{H}} \boldsymbol{A} \boldsymbol{d}_g \sqrt{p_{g,m}} s_{g,m}}_{\text{需要得到的信号}}
$$

$$
+ \underbrace{\boldsymbol{h}_{g,m}^{H} \boldsymbol{A} \boldsymbol{d}_g \sum_{j=1}^{m-1} \sqrt{p_{g,j}} s_{g,j}}_{\text{波束内干扰}} \tag{5.1}
$$

$$
+ \underbrace{\boldsymbol{h}_{g,m}^{\text{H}} \boldsymbol{A} \sum_{i \neq g} \sum_{j=1}^{M_i} \boldsymbol{d}_i \sqrt{p_{i,j}} s_{i,j}}_{\text{波束间干扰}} + \underbrace{v_{g,m}}_{\text{噪声}}
$$

同理，可得窃听者窃听到合法用户 (g, m) 信号为

$$
y_{g,m}^{\text{E}} = \boldsymbol{h}_E^{\text{H}} \boldsymbol{A} \sum_{i=1}^{G} \sum_{j=1}^{M_i} \boldsymbol{d}_i \sqrt{p_{i,j}} s_{i,j} + v_E \tag{5.2}
$$

式中，$\boldsymbol{A}$ 为模拟预编码矩阵；$\boldsymbol{d}_i$ 为第 i 个分簇的数字预编码向量；$p_{i,j}$ 为传输功率；$v_{g,m}, v_E$ 为服从正态分布的加性高斯白噪声。

另外，$\boldsymbol{h}_{g,m}$ 和 $\boldsymbol{h}_E$ 分别表示合法用户和窃听者的信道状态增益，可表示为

$$
\boldsymbol{h}_{g,m}, \boldsymbol{h}_E = \sqrt{\frac{N}{L_{g,m}}} \sum_{l=1}^{L_{g,m}} \alpha_{g,m}^l \boldsymbol{a}(\varphi_{g,m}^l, \theta_{g,m}^l) \tag{5.3}
$$

式中，$L_{g,m}$ 为路径数量；$\alpha_{g,m}^l$ 为第 l 个传播路径的复增益；$\boldsymbol{a}(\varphi_{g,m}^{(l)}, \theta_{g,m}^l)$ 为信号传输的方向向量；$\varphi_{g,m}^l$ 和 $\theta_{g,m}^l$ 分别为第 l 个传播路径的水平方向角和垂直方向角，具体形式可参考 4.2 节内容，在此不再赘述。

同样参考第 4 章关于混合预编码的内容，首先根据表 4.1 基于安全性的用户分簇算法选出 G 个分簇的簇头，根据簇头 CSI 设计模拟预编码。模拟预编码矩阵 $\boldsymbol{A}$ 中的元素为

$$a_g = \frac{e^{j\frac{2\pi\bar{n}}{2^B}}}{\sqrt{M_{TX}}} \tag{5.4}$$

式中，B 为移相器可调节的比特数；M_{TX} 为射频链连接的天线数，全连接结构中 $M_{TX} = N_{TX}$，部分连接结构中 $M_{TX} = N_{TX} / N_{RF}$。

当移相器相位控制的实际天线发射角与簇头到天线的发射角夹角最小时，阵列增益达到最大，此时移相器相位可表示为

$$\bar{n} = \underset{n \in \{0,1,\cdots,2^B-1\}}{\arg\min} \left| \text{angle}[h_H(g)] - 2\pi n / 2^B \right| \tag{5.5}$$

式中，$h_H(g)$ 为第 g 个分簇簇头的信道向量。

同理，设计数字预编码，假设合法用户（g, m）经过混合模拟预编码后的等效信道为

$$\bar{h}_{g,m}^H = h_{g,m}^H A \tag{5.6}$$

分簇完成后，首先，对各个分簇内的合法用户按等效信道增益的强弱进行排序，选出每簇的最强用户 $\bar{h}_{g,1}$；其次，根据每簇的最强用户等效信道信息进行数字预编码，同样采用性能优越并且复杂度较低的 ZF 预编码消除簇间干扰，得到数字预编码矩阵 $\bar{D} = [\bar{d}_1, \bar{d}_2, \cdots, \bar{d}_G] = \bar{H}(\bar{H}^H \bar{H})^{-1}$；最后，对数字预编码向量做标准化处理，可得

$$d_g = \frac{\bar{d}_g}{\| A\bar{d}_g \|_2} \tag{5.7}$$

与第 4 章中的系统模型不同的是，在 PS 型功率分裂器的作用下，每个合法用户接收到的信号将被分成两部分。其中，一部分转发给信息解码器用于信息处理，另一部分分给能量采集器用于储能。假设合法用户（g, m）的功率分裂因子为 $\beta_{g,m}(0 < \beta_{g,m} \leq 1)$，则接收信号经过功率分裂器和 SIC 得出的解码信号为

$$\begin{aligned}
y_{g,m}^{ID} &= \sqrt{\beta_{g,m}} \bar{y}_{g,m} + \mu_{g,m} \\
&= \sqrt{\beta_{g,m}} \left(h_{g,m}^H A d_g \sqrt{p_{g,m}} s_{g,m} + h_{g,m}^H A d_g \sum_{j=1}^{m-1} \sqrt{p_{g,j}} s_{g,j} \right. \\
&\quad \left. + h_{g,m}^H A \sum_{i \neq g} \sum_{j=1}^{M_i} d_i \sqrt{p_{i,j}} s_{i,j} + v_{g,m} \right) + \mu_{g,m}
\end{aligned} \tag{5.8}$$

式中，$\mu_{g,m} \sim CN(0, \sigma_\mu^2)$ 为功率分裂器产生的热噪声。

能量采集信号不需要经过 SIC 解码，因此根据式（5.1）的接收信号公式可得

$$
\begin{aligned}
y_{g,m}^{EH} &= \sqrt{1-\beta_{g,m}}\, y_{g,m} + \mu_{g,m} \\
&= \sqrt{1-\beta_{g,m}} \left(\boldsymbol{h}_{g,m}^{H} \boldsymbol{A} \sum_{i=1}^{G} \sum_{j=1}^{M_j} \boldsymbol{d}_i \sqrt{p_{i,j}}\, s_{i,j} + v_{g,m} \right) + \mu_{g,m}
\end{aligned}
\tag{5.9}
$$

假设经过能量采集器后的能量转换效率为 $\eta(0 \leqslant \eta \leqslant 1)$，最终可转换的能量为

$$
P_{g,m}^{EH} = \eta(1-\beta_{g,m}) \left(\sum_{i=1}^{G} \sum_{j=1}^{M_i} \|\, \overline{\boldsymbol{h}}_{g,m}^{H} \boldsymbol{d}_i \,\|_2^2\, p_{i,j} + \sigma_v^2 \right)
\tag{5.10}
$$

式中，σ_v^2 为信道的高斯白噪声功率。

完成混合预编码设计后，首先考虑采用物理层安全技术保证信息安全。根据式（5.2）和式（5.8），可得合法用户（g, m）的安全速率为

$$
\begin{aligned}
R_{g,m}^{sec} &= R_{g,m} - R_{g,m}^{E} \\
&= \log_2(1+SINR_{g,m}) - \log_2(1+SINR_{g,m}^{E})
\end{aligned}
\tag{5.11}
$$

式中，合法用户（g, m）的信干噪比 $SINR_{g,m}$ 为

$$
\begin{aligned}
SINR_{g,m} &= \frac{\beta_{g,m} \|\, \overline{\boldsymbol{h}}_{g,m}^{H} \boldsymbol{d}_g \,\|_2^2\, p_{g,m}}{\beta_{g,m} \left(\|\, \overline{\boldsymbol{h}}_{g,m}^{H} \boldsymbol{d}_g \,\|_2^2 \sum_{j=1}^{m-1} p_{g,j} + \sum_{i \neq g} \|\, \overline{\boldsymbol{h}}_{g,m}^{H} \boldsymbol{d}_i \,\|_2^2 \sum_{j=1}^{M_i} p_{i,j} + \sigma_v^2 \right) + \sigma_\mu^2} \\
&= \frac{\|\, \overline{\boldsymbol{h}}_{g,m}^{H} \boldsymbol{d}_g \,\|_2^2\, p_{g,m}}{\|\, \overline{\boldsymbol{h}}_{g,m}^{H} \boldsymbol{d}_g \,\|_2 \sum_{j=1}^{2m-1} p_{g,j} + \sum_{i \neq g} \|\, \overline{\boldsymbol{h}}_{g,m}^{H} \boldsymbol{d}_i \,\|_2^2 \sum_{j=1}^{M_i} p_{i,j} + \sigma_v^2 + \dfrac{\sigma_\mu^2}{\beta_{g,m}}}
\end{aligned}
\tag{5.12}
$$

同理，可得窃听者窃听合法用户（g, m）的信干噪比 $SINR_{g,m}^{E}$ 为

$$
SINR_{g,m}^{E} = \frac{\|\, \overline{\boldsymbol{h}}_E^{H} \boldsymbol{d}_g \,\|_2^2\, p_{g,m}}{\|\, \overline{\boldsymbol{h}}_E^{H} \boldsymbol{d}_g \,\|_2^2 \sum_{j \neq m} p_{g,j} + \sum_{i \neq g} \|\, \overline{\boldsymbol{h}}_E^{H} \boldsymbol{d}_i \,\|_2^2 \sum_{j=1}^{M_i} p_{i,j} + \sigma_E^2}
\tag{5.13}
$$

本节沿用第 4 章中的部分内容构建了系统建模，完成了用户分簇和混合预编码设计。5.3 节将针对系统安全能效最大化问题，研究分配功率 $p_{g,m}$ 和功率分裂因子 $\beta_{g,m}$ 的联合优化。

5.3　系统安全能效最大化问题

5.3.1　基于 Dinkelbach 的非凸优化算法

本节将针对系统的安全能效进行分析，SWIPT 技术的应用把接收信号分为信息解码和能量采集两部分，通过功率分裂因子 $\beta_{g,m}$ 进行优化。功率分裂因子的引入将给基于 SWIPT 的毫米波大规模 MIMO-NOMA 系统的安全能效联合优化带来额外的挑战，由于优化问题中不仅存在来自不同用户功率分配变量的耦合，而且存在功率分配变量和功率分裂因子的耦合，因此很难获取最优解。为解决这一棘手问题，本节提出两种迭代优化算法来获得局部最优解。

假设系统整体功耗包括信号发射功耗和基站电路功耗，其中基站电路包括射频链电路、移相器电路和数字预编码部分的基带信号处理电路等，其功率分别用 P_{RF}、P_{PS} 和 P_{B} 表示，则总电路功耗为 $P_{\mathrm{C}} = N_{\mathrm{RF}}P_{\mathrm{RF}} + N_{\mathrm{PS}}P_{\mathrm{PS}} + P_{\mathrm{B}}$。由此可以形成一个优化发送功率联合功率分裂系数的安全能效最大化问题：

$$P_1 : \max_{p_{g,m}, \beta_{g,m}} \frac{\sum_{g=1}^{G}\sum_{m=1}^{M_g} R_{g,m}^{\mathrm{sec}}}{\sum_{g=1}^{G}\sum_{m=1}^{M_g} p_{g,m} + P_{\mathrm{C}}}$$

$$\mathrm{s.t.} C_1 : \sum_{g=1}^{G}\sum_{m=1}^{M_g} p_{g,m} \leqslant P_{\max}$$

$$C_2 : R_{g,m} \geqslant R_{g,m}^{\min}$$

$$C_3 : P_{g,m}^{EH} \geqslant P_{g,m}^{\min}$$

（5.14）

式中，$R_{g,m}^{\mathrm{sec}}$ 为合法用户（g，m）的安全速率，已在式（5.11）中定义；C_1 为基站总发射功率约束，分配给所有用户的总发射功率总和不能超过 $P_{\max}$；C_2 为每个合法用户的传输速率 QoS 约束；$R_{g,m}^{\min}$ 为合法用户（g，m）的最小传输速率；C_3 为合法用户（g，m）的能量采集 QoS 约束，要求采集能量至少为 $P_{g,m}^{\min}$。

由于目标函数 P_1、约束条件 C_2 和 C_3 是非凸的，因此式（5.14）是一个非凸问题。为解决上述问题，首先根据 Dinkelbach 算法[130]，假设 λ^* 为系统取得的最大安全能效，即

$$\lambda^* = \frac{\sum_{g=1}^{G}\sum_{m=1}^{M_g} R_{g,m}^{\mathrm{sec}*}}{\sum_{g=1}^{G}\sum_{m=1}^{M_g} p_{g,m}^* + P_{\mathrm{C}}} = \max_{p_{g,m},\beta_{g,m}} \frac{\sum_{g=1}^{G}\sum_{m=1}^{M_g} R_{g,m}^{\mathrm{sec}*}}{\sum_{g=1}^{G}\sum_{m=1}^{M_g} p_{g,m}^* + P_{\mathrm{C}}} \tag{5.15}$$

式中，$R_{g,m}^{\mathrm{sec}*}$、$p_{g,m}^*$ 分别为系统取得最大安全能效时 $R_{g,m}^{\mathrm{sec}}$、$p_{g,m}$ 的值。

有如下定理。

定理 5.1　当且仅当下式成立时，可以得到安全能效最大值 λ^*。

$$\begin{aligned}
&\max_{p_{g,m},\beta_{g,m}} \left\{ \sum_{g=1}^{G}\sum_{m=1}^{M_g} R_{g,m}^{\mathrm{sec}} - \lambda^*\left(\sum_{g=1}^{G}\sum_{m=1}^{M_g} p_{g,m} + P_{\mathrm{C}} \right) \right\} \\
&= \sum_{g=1}^{G}\sum_{m=1}^{M_g} R_{g,m}^{\mathrm{sec}*} - \lambda^*\left(\sum_{g=1}^{G}\sum_{m=1}^{M_g} p_{g,m}^* + P_{\mathrm{C}} \right) \\
&= 0
\end{aligned} \tag{5.16}$$

式中，$\sum_{g=1}^{G}\sum_{m=1}^{M_g} R_{g,m}^{\mathrm{sec}} \geqslant 0$ 且 $\sum_{g=1}^{G}\sum_{m=1}^{M_g} p_{g,m} + P_{\mathrm{C}} \geqslant 0$。

其具体证明可采用与文献［130］相似的方法，在此不再赘述。

根据定理 5.1，引入变量 λ，并将目标函数 P_1 由分数形式转换为等效的减法形式，原问题转化为

$$P_2 : \max_{p_{g,m},\beta_{g,m}} \left\{ \sum_{g=1}^{G}\sum_{m=1}^{M_g} R_{g,m}^{\mathrm{sec}} - \lambda\left(\sum_{g=1}^{G}\sum_{m=1}^{M_g} p_{g,m} + P_{\mathrm{C}} \right) \right\} \tag{5.17}$$

$$\mathrm{s.t.}\, C_1, C_2, C_3$$

式中，P_2 可以看作关于 λ 的函数，假设定义为

$$T(\lambda) = \sum_{g=1}^{G}\sum_{m=1}^{M_g} R_{g,m}^{\mathrm{sec}} - \lambda\left(\sum_{g=1}^{G}\sum_{m=1}^{M_g} p_{g,m} + P_{\mathrm{C}} \right) \tag{5.18}$$

由定理 5.1 可得如下公式：

$$\lambda = \lambda^* \Leftrightarrow T(\lambda) = 0 \tag{5.19}$$

即求得非线性方程 $T(\lambda) = 0$ 的根等价于求得问题式（5.14）的解。从式（5.18）可以看出，函数 $T(\lambda)$ 是一个关于变量 λ 的单调递减凸函数，即满足 $T(\lambda) > 0$ 时 $\lambda \to -\infty$，$T(\lambda) < 0$ 时 $\lambda \to \infty$。因此，可采用二分法（Bi-section）求得 $T(\lambda) = 0$ 的解，具体求解过程如表 5.1 所示。

表 5.1 基于 Bi-section 的迭代算法

输入：收敛阈值 ε，安全能效上界 λ_{up} 与下界 λ_{down}

输出：最大安全能效 λ^*

1. 初始化设置，$\lambda_{\text{down}} = 0$，$\lambda_{\text{up}} >> 0$，$\varepsilon = 10^{-5}$

2. 循环

3. 更新 $\lambda_{\text{mid}} = (\lambda_{\text{up}} + \lambda_{\text{down}})/2$

4. 求解式（5.17）并得出 $T(\lambda_{\text{mid}})$ 的值

5. 若 $T(\lambda_{\text{mid}}) > 0$，则 $\lambda_{\text{down}} = \lambda_{\text{mid}}$

6. 否则 $\lambda_{\text{up}} = \lambda_{\text{mid}}$

7. 判断 $|T(\lambda_{\text{mid}})| < \varepsilon$，是则跳出循环，否则返回第 2 步

8. 返回 $\lambda^* = \lambda_{\text{mid}}$

此时，式（5.17）依然是一个非凸问题。针对式（5.12）中的变量 $\beta_{g,m}$，引入变量 $\tau_{g,m}$ 满足新增约束条件：

$$C_4 : \tau_{g,m} \geq \frac{1}{\beta_{g,m}} \tag{5.20}$$

则式（5.17）可变换为

$$P_3 : \max_{p_{g,m},\beta_{g,m}} \left\{ \sum_{g=1}^{G} \sum_{m=1}^{M_g} (R_{g,m}^{\text{sec}} - \lambda p_{g,m}) - \lambda P_{\text{C}} \right\} \tag{5.21}$$

$$\text{s.t.} C_1, C_2, C_3, C_4$$

$R_{g,m}^{\text{sec}}$ 可参考第 4 章中的方法进行转化，具体可转化为

$$
\begin{aligned}
R_{g,m}^{\text{sec}} &= \log_2\left(\frac{e_{g,m}}{\xi_{g,m}}\right) - \log_2\left(\frac{e_{g,m}^{\text{E}}}{\xi_{g,m}^{\text{E}}}\right) \\
&= [\log_2(e_{g,m}) - \log_2(\xi_{g,m})] - [\log_2(e_{g,m}^{\text{E}}) - \log_2(\xi_{g,m}^{\text{E}})] \\
&= \log_2(e_{g,m}) - \log_2(\xi_{g,m}) - \log_2(e_{g,m}^{\text{E}}) + \log_2(\xi_{g,m}^{\text{E}})
\end{aligned}
\tag{5.22}
$$

则 $e_{g,m}$、$\xi_{g,m}$、$e_{g,m}^{\text{E}}$ 和 $\xi_{g,m}^{\text{E}}$ 分别为

$$e_{g,m} = \| \bar{\boldsymbol{h}}_{g,m}^{\mathrm{H}} \boldsymbol{d}_g \|_2^2 \sum_{j=1}^{m} p_{g,j} + \sum_{i \neq g} \| \bar{\boldsymbol{h}}_{g,m}^{\mathrm{H}} \boldsymbol{d}_i \|_2^2 \sum_{j=1}^{M_i} p_{i,j} + \sigma_v^2 + \sigma_\mu^2 \tau_{g,m} \qquad (5.23)$$

$$\xi_{g,m} = \| \bar{\boldsymbol{h}}_{g,m}^{\mathrm{H}} \boldsymbol{d}_g \|_2^2 \sum_{j=1}^{m-1} p_{g,j} + \sum_{i \neq g} \| \bar{\boldsymbol{h}}_{g,m}^{\mathrm{H}} \boldsymbol{d}_i \|_2^2 \sum_{j=1}^{M_i} p_{i,j} + \sigma_v^2 + \sigma_\mu^2 \tau_{g,m} \qquad (5.24)$$

$$e_{g,m}^{\mathrm{E}} = \sum_{i=1}^{G} \| \bar{\boldsymbol{h}}_E^{\mathrm{H}} \boldsymbol{d}_i \|_2^2 \sum_{j=1}^{M_i} p_{i,j} + \sigma_E^2 \qquad (5.25)$$

$$\xi_{g,m}^{\mathrm{E}} = \| \bar{\boldsymbol{h}}_E^{\mathrm{H}} \boldsymbol{d}_g \|_2^2 \sum_{j \neq m} p_{g,j} + \sum_{i \neq g} \| \bar{\boldsymbol{h}}_E^{\mathrm{H}} \boldsymbol{d}_i \|_2^2 \sum_{j=1}^{M_i} p_{i,j} + \sigma_E^2 \qquad (5.26)$$

$e_{g,m}$ 和 $\xi_{g,m}^{\mathrm{E}}$ 是关于 $p_{g,m}$、$\tau_{g,m}$ 的一次多项式，为凸函数，因此经过对数运算后，$\log_2(e_{g,m})$ 与 $\log_2(\xi_{g,m}^{\mathrm{E}})$ 也为凸函数[119]。$-\log_2(\xi_{g,m})$ 与 $-\log_2(e_{g,m}^{\mathrm{E}})$ 两项由其 Hessian 矩阵可得为非凸，采用一阶泰勒展开式，假设在定义域内任意点集 $\{\bar{p}_{g,m}\},\{\bar{\tau}_{g,m}\}$ 一阶泰勒展开，$\bar{\xi}_{g,m}$ 和 $\bar{e}_{g,m}^{\mathrm{E}}$ 分别是 $\xi_{g,m}$ 和 $e_{g,m}^{\mathrm{E}}$ 代入点集 $\{\bar{p}_{g,m}\},\{\bar{\tau}_{g,m}\}$ 所得的值，由此可得

$$\bar{\xi}_{g,m} = \| \bar{\boldsymbol{h}}_{g,m}^{\mathrm{H}} \boldsymbol{d}_g \|_2^2 \sum_{j=1}^{m-1} \bar{p}_{g,j} + \sum_{i \neq g} \| \bar{\boldsymbol{h}}_{g,m}^{\mathrm{H}} \boldsymbol{d}_i \|_2^2 \sum_{j=1}^{M_i} \bar{p}_{i,j} + \sigma_v^2 + \sigma_\mu^2 \bar{\tau}_{g,m} \qquad (5.27)$$

$$\bar{e}_{g,m}^{\mathrm{E}} = \sum_{i=1}^{G} \| \bar{\boldsymbol{h}}_E^{\mathrm{H}} \boldsymbol{d}_i \|_2^2 \sum_{j=1}^{M_i} \bar{p}_{i,j} + \sigma_E^2 \qquad (5.28)$$

则 $\log_2(\xi_{g,m})$、$\log_2(e_{g,m}^{\mathrm{E}})$ 的一阶泰勒展开式分别为

$$\begin{aligned}
\Xi_{g,m} &= \log_2(\xi_{g,m}) \\
&= \log_2(\bar{\xi}_{g,m}) + \sum_{g=1}^{G} \sum_{m=1}^{M_g} \frac{\partial \log_2(\xi_{g,m})}{\partial p_{g,m}}(p_{g,m} - \bar{p}_{g,m}) + \\
&\quad \sum_{g=1}^{G} \sum_{m=1}^{M_g} \frac{\partial \log_2(\xi_{g,m})}{\partial \tau_{g,m}}(\tau_{g,m} - \bar{\tau}_{g,m}) \\
&= \log_2(\bar{\xi}_{g,m}) + \frac{1}{\log_2(\bar{\xi}_{g,m})} \left[\| \bar{\boldsymbol{h}}_{g,m}^{\mathrm{H}} \boldsymbol{d}_g \|_2^2 \sum_{j=1}^{m-1} (p_{g,j} - \bar{p}_{g,j}) + \right. \\
&\quad \left. \sum_{i \neq g} \| \bar{\boldsymbol{h}}_{g,m}^{\mathrm{H}} \boldsymbol{d}_i \|_2^2 \sum_{j=1}^{M_i} (p_{i,j} - \bar{p}_{i,j}) + \sum_{g=1}^{G} \sum_{m=1}^{M_g} \sigma_\mu^2 (\tau_{g,m} - \bar{\tau}_{g,m}) \right]
\end{aligned} \qquad (5.29)$$

$$\Psi_{g,m}^{\mathrm{E}} = \log_2(e_{g,m}^{-\mathrm{E}}) + \sum_{g=1}^{G}\sum_{m=1}^{M_g} \frac{\partial \log_2(e_{g,m}^{\mathrm{E}})}{\partial p_{g,m}}(p_{g,m} - \overline{p}_{g,m})$$

$$= \log_2(\overline{e}_{g,m}^{\mathrm{E}}) + \frac{\sum\limits_{g=1}^{G}\|\overline{\boldsymbol{h}}_E^{\mathrm{H}}\boldsymbol{d}_g\|_2^2 \sum\limits_{m=1}^{M_g}(p_{g,m} - \overline{p}_{g,m})}{\log_2(\overline{e}_{g,m}^{\mathrm{E}})} \tag{5.30}$$

将式（5.29）和式（5.30）代入式（5.22），目标函数 P_3 转化为凸函数。但问题式（5.21）中的 C_2、C_3 和新增约束条件 C_4［式（5.20）］均为非凸。首先针对 C_2 等价转化凸形式：

$$C_2 : \log_2\left(1 + \frac{\|\overline{\boldsymbol{h}}_{g,m}^{\mathrm{H}}\boldsymbol{d}_g\|_2^2 \, p_{g,m}}{\xi_{g,m}}\right) \geqslant R_{g,m}^{\min}$$

$$\Rightarrow \overline{C}_2 : \|\overline{\boldsymbol{h}}_{g,m}^{\mathrm{H}}\boldsymbol{d}_g\|_2^2 \, p_{g,m} \geqslant (2^{R_{g,m}^{\min}} - 1)\xi_{g,m} \tag{5.31}$$

针对非凸约束条件 C_3，引入新变量 $\gamma_{g,m}$，并且新增约束条件 C_5：

$$C_5 : \gamma_{g,m} \geqslant \frac{P_{g,m}^{\min}}{\eta(1 - \beta_{g,m})} \tag{5.32}$$

则约束条件 C_3 可转换为如下凸形式：

$$\overline{C}_3 : \sum_{i=1}^{G}\sum_{j=1}^{M_i} \|\overline{\boldsymbol{h}}_{g,m}^{\mathrm{H}}\boldsymbol{d}_i\|_2^2 p_{i,j} + \sigma_v^2 \geqslant \gamma_{g,m} \tag{5.33}$$

目前非凸约束条件包括式（5.21）和式（5.32）两个多变量耦合约束条件 C_4、C_5。根据舒尔补引理[131]，因为 $0 \leqslant \beta_{g,m} \leqslant 1$，$\tau_{g,m} \geqslant 1$，$\gamma_{g,m} \geqslant 0$，$0 < \eta \leqslant 1$，所以可将 C_4、C_5 转换为凸矩阵形式：

$$\overline{C}_4 : \begin{bmatrix} \tau_{g,m} & 1 \\ 1 & \beta_{g,m} \end{bmatrix} \succeq 0 \tag{5.34}$$

$$\overline{C}_5 : \begin{bmatrix} \gamma_{g,m} & \sqrt{\dfrac{P_{g,m}^{\min}}{\eta}} \\ \sqrt{\dfrac{P_{g,m}^{\min}}{\eta}} & 1 - \beta_{g,m} \end{bmatrix} \succeq 0 \tag{5.35}$$

矩阵中的元素均为非负实数，因此满足舒尔补引理[131]。

至此，非凸问题式（5.21）转换成 4 个优化变量为 $p_{g,m}$、$\beta_{g,m}$、$\tau_{g,m}$ 和 $\gamma_{g,m}$ 的凸优化问题：

$$P_3 : \max_{p_{g,m}, \beta_{g,m}, \tau_{g,m}, \gamma_{g,m}} \left\{ \sum_{g=1}^{G} \sum_{m=1}^{M_g} (R_{g,m}^{\mathrm{sec}} - \lambda p_{g,m}) - \lambda P_{\mathrm{C}} \right\}$$

$$\mathrm{s.t.} C_1 : \sum_{g=1}^{G} \sum_{m=1}^{M_g} p_{g,m} \leqslant P_{\max}$$

$$\overline{C}_2 : \| \overline{\boldsymbol{h}}_{g,m}^{\mathrm{H}} \boldsymbol{d}_g \|_2^2 \, p_{g,m} \geqslant (2^{R_{g,m}^{\min}} - 1) \xi_{g,m}$$

$$\overline{C}_3 : \sum_{i=1}^{G} \sum_{j=1}^{M_i} \| \overline{\boldsymbol{h}}_{g,m}^{\mathrm{H}} \boldsymbol{d}_i \|_2^2 \, p_{i,j} + \sigma_v^2 \geqslant \gamma_{g,m} \qquad (5.36)$$

$$\overline{C}_4 : \begin{bmatrix} \tau_{g,m} & 1 \\ 1 & \beta_{g,m} \end{bmatrix} \pm 0$$

$$\overline{C}_5 : \begin{bmatrix} \gamma_{g,m} & \sqrt{\dfrac{P_{g,m}^{\min}}{\eta}} \\ \sqrt{\dfrac{P_{g,m}^{\min}}{\eta}} & 1 - \beta_{g,m} \end{bmatrix} \pm 0$$

通过一些近似技术将原非凸问题转换成式（5.36）的凸问题，可以直接通过 CVX 工具箱进行求解[132]。

5.3.2 两种功率分配和功率分裂联合优化算法

转化后的凸优化问题式（5.36）的解并非初始问题式（5.14）的最优解，本小节将提出两种迭代算法求得原问题的局部最优解。一种是基于 Bi-section 的功率分配和功率分裂联合优化算法，如表 5.2 所示。

表 5.2 基于 Bi-section 的功率分配和功率分裂联合优化算法

输入：模拟预编码矩阵 $\boldsymbol{A}$，数字预编码矩阵 $\boldsymbol{D}$，基站总发射功率约束 $P_{\max}$，合法用户的数据速率和能量采集约束 $R_{g,m}^{\min}$、$P_{g,m}^{\min}$

输出：最大安全能效 λ^*

1. 初始化设置，可执行的初始值 $\overline{p}_{g,m}^{[0]}$，$\overline{\tau}_{g,m}^{[0]}$，收敛阈值 $\varepsilon = 10^{-5}$，$\lambda_{\mathrm{down}} = 0$，$\lambda_{\mathrm{up}} = 100$，$\lambda_{\mathrm{mid}} = (\lambda_{\mathrm{up}} + \lambda_{\mathrm{down}})/2$，外层迭代次数 n_{o}，内层迭代次数 n_{i}

2. 外层循环

3. 内层循环

4. 将 $\lambda = \lambda_{\mathrm{mid}}$ 代入式（5.36）求解，并得出第 n_{i} 次迭代的最优解 $p_{g,m}^{[n_i]}$、$\tau_{g,m}^{[n_i]}$

5. 更新第（n_{i}+1）次的可执行初始值，$\overline{p}_{g,m}^{[n_i+1]} = p_{g,m}^{[n_i]}$，$\overline{\tau}_{g,m}^{[n_i+1]} = \tau_{g,m}^{[n_i]}$

6. 内层循环判断：是否收敛，是则跳出，否则返回第 3 步

7. 若 $T(\lambda_{\mathrm{mid}}) > 0$，则 $\lambda_{\mathrm{down}} = \lambda_{\mathrm{mid}}$

8. 否则 $\lambda_{\mathrm{up}} = \lambda_{\mathrm{mid}}$

9. 更新 $\lambda_{\mathrm{mid}} = (\lambda_{\mathrm{up}} + \lambda_{\mathrm{down}})/2$

10. 外层循环判断：$|T(\lambda_{\mathrm{mid}})| < \varepsilon$，是则跳出，否则返回第 2 步

11. 返回 $\lambda^* = \dfrac{\sum\limits_{g=1}^{G}\sum\limits_{m=1}^{M_g} R_{g,m}^{\mathrm{sec}[n_o]}}{\sum\limits_{g=1}^{G}\sum\limits_{m=1}^{M_g} p_{g,m}^{[n_o]} + P_{\mathrm{C}}}$

表 5.2 所述算法分为两层迭代，首先设置安全能效值为定义域内一初始值 $\lambda_{\mathrm{mid}} = (\lambda_{\mathrm{up}} + \lambda_{\mathrm{down}})/2$，并且取一组定义域内的可行解 $\bar{p}_{g,m}^{[0]}$、$\bar{\tau}_{g,m}^{[0]}$，然后进入内层迭代，通过 CVX 工具箱得出问题式（5.36）的一组最优解 $p_{g,m}^*$、$\beta_{g,m}^*$，将 λ^*、$p_{g,m}^*$、$\beta_{g,m}^*$ 代入 $T(\lambda)$ 进行判断，如果收敛，则得到局部最优解，否则更新 $\bar{p}_{g,m}^{[0]}$、$\bar{\tau}_{g,m}^{[0]}$、λ_{up}、λ_{down} 和 λ_{mid} 继续下一次循环。

表 5.2 所述算法的收敛次数取决于上界的取值 λ_{up}。在不确定最大安全能效 λ^* 取值情况下，λ_{up} 初值的设置应尽量大才能保证问题有解，但这样会导致外层迭代次数较多，算法复杂度较高。因此，另一种收敛较稳定的迭代算法是基于更新迭代的功率分配和功率分裂联合优化算法，如表 5.3 所示。

表 5.3　基于更新迭代的功率分配和功率分裂联合优化算法

输入：模拟预编码矩阵 $\boldsymbol{A}$，数字预编码矩阵 $\boldsymbol{D}$，基站总发射功率约束 $P_{\max}$，合法用户的数据速率和能量采集约束 $R_{g,m}^{\min}$、$P_{g,m}^{\min}$

输出：最大安全能效 λ^*

1. 初始化设置，可执行的初始值 $\bar{p}_{g,m}^{[0]}$、$\bar{\tau}_{g,m}^{[0]}$，收敛阈值 $\varepsilon = 10^{-5}$，$\lambda^{[0]} = 0$，外层迭代次数 n_o，内层迭代次数 n_i

2. 外层循环

3. 内层循环

4. 将 $\lambda = \lambda^{[0]}$ 代入式（5.36）求解，并得出第 n_i 次迭代的最优解 $p_{g,m}^{[n_i]}$、$\tau_{g,m}^{[n_i]}$

5. 更新第（$n_i + 1$）次的可执行初始值，$\bar{p}_{g,m}^{[n_i+1]} = p_{g,m}^{[n_i]}$、$\bar{\tau}_{g,m}^{[n_i+1]} = \tau_{g,m}^{[n_i]}$

6. 内层循环判断：$p_{g,m}^{[n_1]}$、$\tau_{g,m}^{[n_1]}$ 是否收敛，是则跳出，否则返回第 3 步

7. 更新 $\lambda^{[n_0]} = \dfrac{\sum\limits_{g=1}^{G}\sum\limits_{m=1}^{M_g} R_{g,m}^{\mathrm{sec}[n_0]}}{\sum\limits_{g=1}^{G}\sum\limits_{m=1}^{M_g} p_{g,m}^{[n_0]} + P_C}$

8. 外层循环判断：$|T(\lambda^{[n_0]})| < \varepsilon$，是则跳出，否则返回第 2 步

9. 返回 $\lambda^* = \dfrac{\sum\limits_{g=1}^{G}\sum\limits_{m=1}^{M_g} R_{g,m}^{\mathrm{sec}[n_0]}}{\sum\limits_{g=1}^{G}\sum\limits_{m=1}^{M_g} p_{g,m}^{[n_0]} + P_C}$

表 5.3 中的算法同样分为两层迭代，首先设置初始的安全能效值为定义域内一可行值 $\lambda^{[0]}=0$，然后进入内层迭代，得出问题式（5.36）的一组最优解 $p_{g,m}^*$、$\beta_{g,m}^*$。值得注意的是，当外层循环 $n_o=1$ 时，$\lambda=0$，则内层循环收敛时第 4 步所求得的最大值实际上是系统的最大安全速率。内层循环后根据第 7 步对 $\lambda^{[n_0]}$ 值进行更新，作为下一次外层迭代的初始值进入下一次循环，直到 $T(\lambda^{[n_0]}) \to 0$，即可得到安全能效的局部最优解。

以上两种迭代算法的内层迭代与第 4 章中的算法相近，因此收敛性也基本相同。对于外层迭代的收敛性，表 5.2 所述算法在定理 5.1 中已阐述，表 5.3 所述算法根据求得解迭代更新，这意味着第 (n_o+1) 次迭代获得的优化值不小于第 n_o 次迭代获得的优化值，即迭代得出的最大安全能效将逐渐递增或保持。此外，由于约束条件 C_1 总发射功率的限制，安全能效存在上界，因此所提算法具有收敛性。

5.3.3　计算复杂度分析

因为核心步骤均为求问题式（5.36）的解，所以所提两种算法的内层循环计算复杂度相同，即在每次迭代中，处理的均是一个二阶锥优化问题[133]。假设两种算法内层循环次数分别为 I_1 和 I_2，外层循环次数分别为 I_3 和 I_4。

求解问题式（5.36）的计算复杂度分析如下。其中，优化变量总数 $n=4K$，共有 $2K+1$ 个一维线性矩阵不等式（linear matrix inequality，LMI）和 $2K$ 个二维 LMI 约束条件，则求得最优解的迭代次数为 $\sqrt{2K+2\times 2K} = \sqrt{6K}$，每次迭代的计

算复杂度为

$$C_{\text{ite}} = n\left[(2K\times2^3)+(2K\times1^3)+n(2K\times2^2+2K\times1^2)+n^2\right]$$
$$= n\left[16K+2K+n(8K+2K)+n^2\right] \tag{5.37}$$

则表 5.2 和表 5.3 中算法的计算复杂度分别为

$$O\left[nI_1I_3\sqrt{6K}(18K+n\times10K+n^2)\log_2(1/\varepsilon)\right] \tag{5.38}$$

$$O\left[nI_2I_4\sqrt{6K}(18K+n\times10K+n^2)\log_2(1/\varepsilon)\right] \tag{5.39}$$

式中，ε 为计算精度。

5.4　仿真结果与分析

5.4.1　仿真参数设置

为验证基于 SWIPT 的毫米波大规模 MIMO-NOMA 系统的安全性能，本节通过实验仿真对所提出算法的收敛性、系统安全速率和安全能效进行仿真分析和数据验证，主要仿真参数设置如表 5.4 所示。

表 5.4　仿真参数

参　　数	数　　值
载波频率	18GHz
噪声功率谱密度	–174dBm/Hz
系统带宽	20MHz
基站天线 N_{TX}	96
射频链数目 N_{RF}	4，8
合法用户数 K	10
能量采集效率 η	0.9
射频链功率 P_{RF}	300mW
移相器功率 P_{PS}	40mW
基带电路功率 P_{B}	200mW

基站配备 8×12 的均匀平面阵列天线，10 个合法用户分为 4 簇和 8 簇两种情况，其中每簇至少有一个合法用户。合法用户（g，m）和窃听者的信道传播路

径 $L_{g,m} = 3$，包括一个复增益服从高斯分布 $\alpha_{g,m}^1 \sim CN(0,1)$ 的 LoS 路径，另外还包括两个同样服从高斯分布 $\alpha_{g,m}^l \sim CN(0,10^{-1})$ $(l = 2,3)$ NLoS 路径，天线水平方向角 $\varphi_{g,m}^l$ 和垂直方向角 $\theta_{g,m}^l$ 服从 $U[0,2\pi)$ 的均匀分布。无线携能系统的能量采集效率为 0.9，每条射频链功率为 300mW，每个移相器功率为 40mW，数字预编码部分基带电路功率为 200mW。

5.4.2　算法收敛性

图 5.2 所示为内层迭代收敛，对全连接和部分连接两种结构的收敛性进行了仿真。从图 5.2 中可发现，全连接结构在迭代 10 次后趋于稳定，部分连接结构在迭代 6 次后趋于稳定，这是由于部分连接每条射频链连接的天线数目少，因此模拟预编码矩阵中非零元素个数少，算法复杂度较低。在后续的仿真中，内部迭代优化算法的迭代次数设为 10 次。

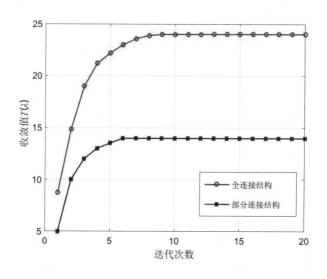

图 5.2　内层迭代收敛

图 5.3 给出了采用两种不同迭代算法的外层迭代收敛。其中，表 5.2 是基于 Bi-section 的功率分配和功率分裂联合优化算法，根据上界 λ_{up} 的阈值不同具有不同的收敛性。当 $\lambda_{up} = 10$ 时，在迭代 6 次后收敛；当 $\lambda_{up} = 100$ 时，在迭代 15 次后收敛。可以看到，λ_{up} 的阈值选取越小，收敛越快。但 λ_{up} 的阈值选取需要谨慎，

如果将最大安全能效值选取在阈值外，即 $\lambda^* > \lambda_{up}$ 时，将无法得到最终解。表 5.3 为基于更新迭代的功率分配和功率分裂联合优化算法，其在 10 次达到收敛，其收敛性介于表 5.2 中两种收敛性的中间，但不用考虑选取阈值不当带来的不稳定性。

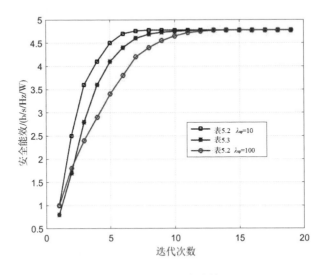

图 5.3　外层迭代收敛

5.4.3　不同预编码结构的安全频谱效率对比

图 5.4 给出了在 5 种不同毫米波大规模 MIMO–NOMA 系统下最大安全频谱效率曲线，横坐标为总发射功率限制 P_{max}。其中，安全频谱效率从高到低的系统依次为传统全数字预编码系统、全连接混合预编码 8 射频链系统、全连接混合预编码 4 射频链系统、部分连接混合预编码 8 射频链系统、部分连接混合预编码 4 射频链系统等。所有结构的安全频谱效率均随发射总功率限制 P_{max} 增大。其中，全数字预编码由于每根天线由一条射频链提供任意的幅度和相位，因此获得最大的信号传输增益。另外，全连接结构优于部分连接结构，因为全连接结构的每一条射频链连接所有天线，实现了全阵列增益。同时，无论全连接结构还是部分连接结构，8 射频链系统的安全频谱效率均高于 4 射频链系统，这是因为射频链的增加体现在传输波束的增加，因此增加射频链数量可以显著提高系统的安全速率。

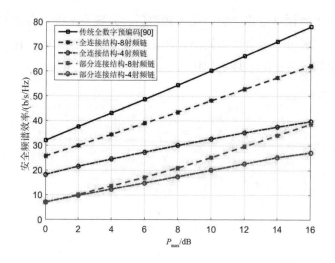

图 5.4　系统最大安全频谱效率

图 5.5 为对应图 5.4 中 5 种系统在取得最大安全频谱效率时的安全能效曲线，可以看到如果一味追求安全速率最大化，虽然在发射功率较小时可以得到一定的安全能效增益，但随着发射功率的增大，整体功耗的权重向发射功率倾斜后，系统安全能效会急剧下降，并且下降程度与系统安全速率成反比。由此验证了本章内容的研究意义，即在保证系统安全通信前提下，同样要保证系统安全能效，不能一味追求安全速率而增大系统发射功率。

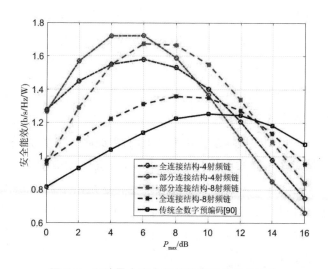

图 5.5　系统最大安全频谱效率时的安全能效

图 5.6 为系统安全频谱效率 – 安全能效对比，同样验证了图 5.5 的结论。5 种结构的安全能效起初随着安全速率增加而有所提升，但随着发射功率的增大，

系统功耗的权重由硬件电路向发射功率倾斜后，系统安全能效会随着安全速率增大而急剧下降。另外，混合预编码结构相比传统全数字预编码，在较低安全速率情况下在安全能效方面的表现更加优秀。

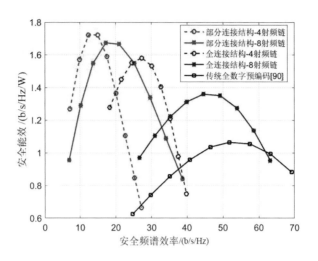

图 5.6　系统安全频谱效率 – 安全能效对比

5.4.4　不同预编码结构的安全能效对比

图 5.7 为系统最大安全能效，分别模拟了 5 种不同系统的最大安全能效对于总发射功率限制 P_{max} 的变化曲线。从图 5.7 中可以看出，当发射功率较小时，安全能效均随着功率限制的增大而增大，此时安全能效的增加主要取决于安全速率的增加。当功率限制增加到一定阈值后，如 $P_{max} \geqslant 8\,dB$ 时，安全能效曲线趋于水平，不再像图 5.5 所示有所降低。这是由于安全速率的增加已无法补偿发射功率的消耗，此刻即使系统发射功率的限制提高，系统消耗的发射总功率保持不变，因此，安全能效亦保持不变。另外，安全能效与图 5.4 中的安全频谱效率相反，传统全数字预编码安全能效最低，这是由于射频链电路功耗巨大。另外，射频链数目对于安全能效的影响同样适用于混合预编码系统，射频链数目越小，安全能效越大。同时，由于移相器数量最少，因此部分连接结构 4 射频链的安全能效最高。

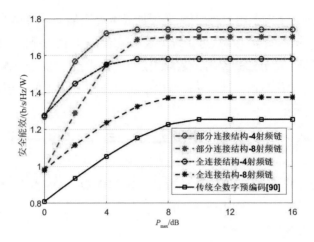

图 5.7　系统最大安全能效

图 5.8 是系统最大安全能效时的发射总功率。从图 5.8 中可以看出，总功率限制 $P_{max} \leqslant 4\,dB$ 时，所有系统均为满功率输出，此时以安全速率最大化提升系统安全能效；当 $P_{max} \geqslant 10\,dB$ 时，系统发射功率的总和固定，不再是满功率输出，系统发射功率维持在一个固定值，这与图 5.7 中的系统安全能效曲线相符合。对比不同结构，部分连接结构能耗小于全连接结构；对比不同射频链情况，4 射频链能耗小于 8 射频链能耗。同时，传统全数字预编码的能耗最大。

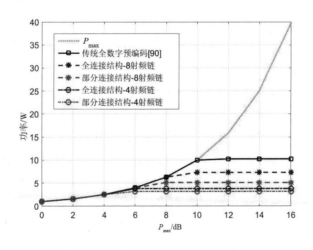

图 5.8　系统最大安全能效时的发射总功率

本小节对基于 SWIPT 的毫米波大规模 MIMO–NOMA 系统的安全能效优化问题进行了仿真验证。仿真结果首先验证两种迭代算法的收敛性。其次，从不同角度比较系统的安全速率和安全效能，结果表明在安全速率方面，传统全数字预编码最优，但是其性能是由大量射频链硬件成本和巨额功耗换来的，所以安全能效最差；全连接结构安全速率接近传统全数字预编码，并且明显优于部分连接结构。在安全能效方面，部分连接结构的表现更加优越。因此，混合预编码能够较好地解决安全能效的优化问题，具体采用全连接或部分连接则取决于应用场景的要求。

本 章 小 结

本章研究了基于 SWIPT 的毫米波大规模 MIMO–NOMA 系统的安全能效问题，包括系统建模、关于功率分配和功率分裂联合优化的安全能效最大化问题、问题求解及模拟仿真等部分。

首先，建立了基于 SWIPT 的毫米波大规模 MIMO–NOMA 系统模型，沿用第 4 章的方法设计用户分簇和混合预编码。在混合预编码时主要从两个方面进行设计：一方面采用全连接结构，全连接结构的特点是具有较高的频谱效率；另一方面采用部分连接结构，部分连接结构的特点则是具有较高的能源效率。

其次，针对系统安全能效进行分析。SWIPT 技术通过功率分裂因子 $\beta_{g,m}$ 把接收信号分为信息解码和能量采集两部分，形成一个关于功率分配和功率分裂联合优化的安全能效最大化问题，同时考虑合法用户的总功率限制、用户速率 QoS 和采集能量 QoS 的约束。由于优化问题中不仅存在来自不同用户功率分配变量的耦合，而且存在功率分配变量和功率分裂因子的耦合，因此很难得到最优解。

接着，为解决这一棘手问题，提出两种迭代算法来获得局部最优解，一个是基于 Bi–section 的功率分配和功率分裂联合优化算法，另一个是基于更新迭代的功率分配和功率分裂联合优化算法，两种算法在效率和稳定性上各有优势。

最后，对传统全数字预编码、全连接混合预编码 8 射频链、全连接混合预编码 4 射频链、部分连接混合预编码 8 射频链、部分连接混合预编码 4 射频链 5 种系统的安全速率和安全能效进行了仿真对比分析。结果表明，在安全速率方面，传统数字预编码最优，但是功耗巨大，导致安全能效最差；在安全能效方面，混合预编码的表现更加优越，尤其部分连接结构 4 射频链的安全能效最高。

本章构建了一个应用 SWIPT 技术的毫米波大规模 MIMO–NOMA 系统，在保证安全速率的前提下，提出最大化系统安全能效的优化算法。但是，通常情况下，窃听者是被动的，基站对其 CSI 并不安全了解，因此窃听者信道不确定性应该予以考虑。更进一步地，为了将本章的理论应用于未来卫星通信网络和地面网络融合的 6G 网络，第 6 章将在以上研究基础上，在窃听者信道不确定条件下，研究星地集成网络的系统安全能效最大化问题。

第6章　毫米波大规模 MIMO–NOMA 星地集成网络安全能效研究

6.1 引　言

卫星通信网络和地面 5G 网络的融合被认为是一种很有前景的异构网络架构，两者共同构成全球无缝覆盖的综合通信网，是未来无线通信发展的重要方向[134-136]。虽然星地网络具有很宝贵的频谱资源，但部分毫米波频段已分配给了固定卫星服务 Ka 频段，频谱共享带来的干扰问题也亟待解决[137]。另外，由于覆盖范围的广阔和开放，卫星通信的传输安全面临着越来越严峻的挑战。如何最大限度地减少卫星通信终端与地面 5G 网络之间的干扰，同时保证其传输质量、系统能效和安全要求，对实现星地网络高效安全的传输起着重要的作用。同时，在保证物理层安全前提下如何提高系统能效也成为最近研究的热点问题[138-141]。在此背景下，本章考虑了共享同一毫米波频段的卫星通信终端和地面 5G 网络集成系统的下行通信，在功率和传输质量约束下，研究系统的安全能效最大化问题。

随着通信的能源成本和安全要求不断上升，为了在保密率和能效之间实现更好的平衡，安全能效被提出作为安全绿色通信背景下的一种新的设计标准。其中，南京邮电大学林敏教授团队除了对 CSTN 物理层安全问题有深入的研究[49-51]外，还将其进一步扩展到了系统安全能效研究[138-139]。在文献［138］中，该团队研究了在传输功率、安全速率和用户速率 QoS 约束下 CSTN 安全能效最大化问题。更进一步地，文献［139］在窃听信道非理想的情况下，形成了一个安全能效最大化问题，提出一个基站和卫星波束成形的联合优化方案。在文献［140］中，考虑瞬时和统计 CSI 两种情况，提出了保密能量效率最大化方案，并采用凸函数差分近似方法解决了近似凸问题。文献［141］研究了底层能量收集认知无线电网络中有中断约束的安全能效优化问题，并利用半定松弛法、bernstein 型不等式方法和分式规划理论对该问题进行了求解。

在上述文献中，假设所有链路的 CSI 是完全已知的，并且在地面网络并未考虑毫米波大规模 MIMO–NOMA 系统。本章主要研究的是毫米波星地网络下行链路的安全能效问题，两级网络共享相同的毫米波频段。地面网络中采用毫米波大规模 MIMO–NOMA 系统，基站向多个用户提供服务并保护卫星地面站免受干扰。考虑窃听者 CSI 的不确定性前提下，形成一个安全能效的优化问题。为求解该非凸问题，提出一种基于 S–procedure 的功率分配和功率分裂联合优化算法获得原问题的解。仿真结果表明，改进后的用户分簇方案抑制了地球站的干扰；全连接结构混合预编码相比传统全数字预编码，以不到 3% 的安全速率损失得到了最大30% 的安全能效提升；部分连接结构在相同功率约束条件下，比传统全数字预编码安全能效至少提升了 40%。

6.2　星地集成网络系统建模

本节将建立系统模型，系统考虑卫星和地面 5G 网络融合的星地网络，其中初级的卫星网络和次级的地面网络共用相同的毫米波 Ka 频段[67]。星地集成网络系统模型如图 6.1 所示。

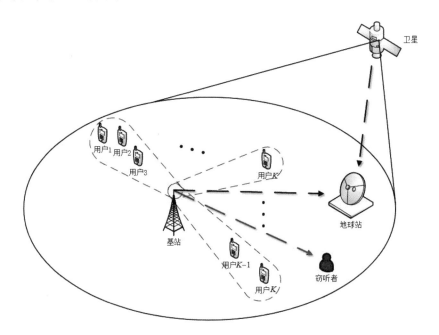

图 6.1　星地集成网络系统模型

初级卫星网络中有一个固定的卫星地面站，卫星通过 Ka 频段与地球站进行通信，地球站装配一个抛物形天线与卫星进行无线传输，地球站与基站通过有线链路传输信号。次级地面网络中沿用前面章节，采用基于 SWIPT 的毫米波大规模 MIMO-NOMA 系统，包括 K 个合法用户和 1 个窃听者。基站端装配 N_{RF} 个射频链，由 N_{TX} 根天线组成均匀平面阵列（ $K \geqslant N_{RF}$ ），混合预编码同样采用全连接和部分连接两种结构，全连接结构需要 $N_{TX} \times N_{RF}$ 个移相器，部分连接结构需要 N_{TX} 个移相器，其中假设每个射频链连接 N_{TX} / N_{RF} 根天线且为整数。同时，合法用户端装配了 PS 型功率分裂器，将接收信号分为信息解码和能量转化两部分。通常情况下，地球站和合法用户的 CSI 都是已知的，但系统中存在被动窃听者的情况，即通过 cell-ID 或 GPS 等定位技术只能获得窃听者的非理想 CSI[142]。

　　针对毫米波星地集成网络，尽管地面网络中毫米波波束可以提高基站覆盖面积，减小系统功耗，但较多的波束带来 3 个问题：①初级卫星网络和次级地面网络间毫米波频谱共享带来的干扰问题；②地面网络毫米波波束间的干扰；③较多波束会导致射频链数目增加和窃听速率提升，对于系统能效和安全性都是很大的挑战。因此，波束的设计和资源分配至关重要。下面将根据以上特点设计系统模型。

6.2.1　毫米波信道模型

　　为使一个波束通过 NOMA 技术服务多个合法用户，首先，需要对 K 个合法用户分簇，具体分簇方法见第 4 章。假设 $M_g(g \in \{1, \cdots, G\})$ 表示第 g 个分组中合法用户的集合，其中 $G = N_{RF}$。其次，利用 SIC 技术实现同一波束内用户的多址传输。假设每簇的合法用户信道增益从强到弱排列，并且第 $k(k \in \{1, \cdots, K\})$ 个合法用户被分配在第 g 个分组中的第 m 个位置，记为合法用户（ k ）或合法用户（ g, m ）。已知窃听者的非理想 CSI 时，合法用户（ g, m ）、卫星地球站和窃听者信道模型采用典型的毫米波信道模型：

$$\boldsymbol{h}_{g,m}, \boldsymbol{h}_{P}, \boldsymbol{h}_{E} = \sqrt{\frac{N}{L_{g,m}}} \sum_{l=1}^{L_{g,m}} \alpha_{g,m}^{l} \boldsymbol{a}(\varphi_{g,m}^{l}, \theta_{g,m}^{l}) \tag{6.1}$$

式中，$L_{g,m}$ 为路径数量；$\alpha_{g,m}^{l}$ 为第 l 个传播路径的复增益；$\boldsymbol{a}(\varphi_{g,m}^{l}, \theta_{g,m}^{l})$ 为信号传输的方向向量；$\varphi_{g,m}^{l}$ 和 $\theta_{g,m}^{l}$ 分别为第 l 个传播路径的水平方向角和垂直方向角，具体形式可参考 4.2 节内容，在此不再赘述。

6.2.2 合法用户信号模型

根据毫米波信道模型，可得合法用户（g，m）在经过 NOMA-SIC 解码后的接收信号为

$$\overline{y}_{g,m} = \underbrace{\boldsymbol{h}_{g,m}^{\mathrm{H}} \boldsymbol{A} \boldsymbol{d}_g \sqrt{p_{g,m}} s_{g,m}}_{\text{需要得到的信号}}$$

$$+ \underbrace{\boldsymbol{h}_{g,m}^{\mathrm{H}} \boldsymbol{A} \boldsymbol{d}_g \sum_{j=1}^{m-1} \sqrt{p_{g,j}} s_{g,j}}_{\text{波束内干扰}} \tag{6.2}$$

$$+ \underbrace{\boldsymbol{h}_{g,m}^{\mathrm{H}} \boldsymbol{A} \sum_{i \neq g} \sum_{j=1}^{M_i} \boldsymbol{d}_i \sqrt{p_{i,j}} s_{i,j}}_{\text{波束间干扰}} + \underbrace{v_{g,m}}_{\text{噪声}}$$

式中，$\boldsymbol{A}$ 为波束成形的模拟预编码矩阵；$\boldsymbol{d}_g$ 为第 g 个分簇的数字预编码向量；$p_{g,m}$ 为合法用户（g，m）发送功率；$s_{g,m}$ 为能量归一化的发送信号；$v_{g,m}$ 为信道加性高斯白噪声。

6.2.3 基于降低同频干扰的安全性分簇算法

在进行混合预编码设计之前，首先对用户分簇。分簇原则是使服务各个分簇的波束方向尽量避开窃听者以提高安全速率，避开地球站以减小毫米波的同频干扰；同时，同簇内用户的信道相关性尽可能大，不同簇用户信道相关性尽可能小。因此，在表 4.1 中的基于安全性的用户分簇算法基础上，本小节将提出一种基于降低同频干扰的安全性分簇算法，如表 6.1 所示。

表 6.1 基于降低同频干扰的安全性分簇算法

输入：用户数 K，波束数 G，合法用户信道向量 $\boldsymbol{h}_k$，窃听者信道向量 $\boldsymbol{h}_{\mathrm{E}}$，地球站信道向量 $\boldsymbol{h}_{\mathrm{P}}$，其中 $k = 1, 2, \cdots, K$，信道相关阈值 δ_{E}、δ_{H}

输出：用户分簇

1. 信道向量标准化处理，$\overline{\boldsymbol{h}}_k = \boldsymbol{h}_k / \|\boldsymbol{h}_k\|_2$，$\overline{\boldsymbol{h}}_{\mathrm{E}} = \boldsymbol{h}_{\mathrm{E}} / \|\boldsymbol{h}_{\mathrm{E}}\|_2$，$\overline{\boldsymbol{h}}_{\mathrm{P}} = \boldsymbol{h}_{\mathrm{P}} / \|\boldsymbol{h}_{\mathrm{P}}\|_2$

2. 合法用户信道增益降序排列，$\boldsymbol{\Lambda} = [a_1, a_2, \cdots, a_K]$，其中 $a_K = \|\boldsymbol{h}_k\|_2$

3. 根据 δ_{E} 选出簇头候选集合，$\Gamma_{\mathrm{C}} = \{i \in \boldsymbol{\Lambda} \| \overline{\boldsymbol{h}}_i \overline{\boldsymbol{h}}_{\mathrm{E}} | < \delta_{\mathrm{E}} \cap |\overline{\boldsymbol{h}}_i \overline{\boldsymbol{h}}_{\mathrm{P}}| < \delta_{\mathrm{E}} \}$

4. 在簇头候选集合中选出信道增益最大的为第一簇簇头 $\Gamma_{\mathrm{H}} = \Gamma_{\mathrm{C}}(1)$

续表

5. 外层循环

6. 若 $\Gamma_C = \Phi$，则

7. 内层循环

8. 提升簇间信道相关阈值 δ_H

9. 根据阈值更新簇头候选集合 $\Gamma_C = \{i \in \Gamma_H \mid \| \bar{\boldsymbol{h}}_i^H \bar{\boldsymbol{h}}_j \| < \delta_H, \forall j \in \Gamma_C\}$

10. 内层循环判断：$\Gamma_C \neq \Phi$

11. 否则进入第 12 步

12. 根据阈值更新簇头候选集合 $\Gamma_C = \{i \in \Gamma_H \mid \| \bar{\boldsymbol{h}}_i^H \bar{\boldsymbol{h}}_j \| < \delta_H, \forall j \in \Gamma_C\}$

13. 在更新簇头候选集合中选出信道增益最大的为下一簇簇头

14. 外层循环判断：簇头是否选完

15. 根据簇头的 CSI 设计模拟预编码，使波束方向指向各个簇头用户

16. 每个用户选择信道相关性最大的波束方向进行分簇，设 $\bar{\boldsymbol{h}}_k^H = \boldsymbol{h}_k^H \boldsymbol{A} \arg\max\limits_{g\in\{1,2,\cdots,G\}} \dfrac{|\bar{\boldsymbol{h}}_k^H \bar{\boldsymbol{h}}_{\Gamma_H(g)}|}{\|\bar{\boldsymbol{h}}_k\|_2 \|\bar{\boldsymbol{h}}_{\Gamma_H(g)}\|_2}$，

$k \notin \Gamma_H$

6.2.4　混合预编码设计

针对表 6.1 中的用户分簇算法，设计混合预编码。首先模拟预编码矩阵 $\boldsymbol{A}$ 中的每个元素为

$$\boldsymbol{a}_g = \frac{e^{j\frac{2\pi\bar{n}}{2^B}}}{\sqrt{M_{TX}}} \tag{6.3}$$

式中，B 为移相器可调节的比特数；M_{TX} 为射频链连接的天线数，全连接结构中 $M_{TX} = N_{TX}$，部分连接结构中 $M_{TX} = N_{TX}/N_{RF}$。

当发射波束与簇头相位夹角最小时，阵列增益达到最大，此时移相器相位可表示为

$$\bar{n} = \arg\min\limits_{n\in\{0,1,\cdots,2^B-1\}} |\text{angle}[\boldsymbol{h}_H(g)] - 2\pi n/2^B| \tag{6.4}$$

式中，$h_H(g)$ 为第 g 个分簇簇头的信道向量。

同理，设计数字预编码。假设合法用户（g, m）经过混合模拟预编码后的等效信道为

$$\overline{\boldsymbol{h}}_{g,m}^{\mathrm{H}} = \boldsymbol{h}_{g,m}^{\mathrm{H}} \boldsymbol{A} \qquad (6.5)$$

首先，对各个分簇内的合法用户按等效信道增益的强弱进行排序，选出每簇的最强用户 $\overline{\boldsymbol{h}}_{g,1}$。其次，根据每簇的最强用户等效信道信息进行数字预编码，同样采用性能优越并且复杂度较低的 ZF 预编码消除簇间干扰，得到数字预编码矩阵为 $\overline{\boldsymbol{D}} = [\overline{\boldsymbol{d}}_1, \overline{\boldsymbol{d}}_2, \cdots, \overline{\boldsymbol{d}}_G] = \overline{\boldsymbol{H}}(\overline{\boldsymbol{H}}^{\mathrm{H}}\overline{\boldsymbol{H}})^{-1}$。最后，对数字预编码向量做标准化处理，可得

$$\boldsymbol{d}_g = \frac{\overline{\boldsymbol{d}}_g}{\| \boldsymbol{A}\overline{\boldsymbol{d}}_g \|_2} \qquad (6.6)$$

同时，用户在 PS 型功率分裂器的作用下，接收到的信号将被分割成两部分。其中，一部分用于信息解码；另一部分用于能量采集。假设合法用户（g, m）的功率分裂因子为 $\chi_{g,m}(0 < \chi_{g,m} \leqslant 1)$，则接收信号经过功率分裂器和 SIC 得出的解码信号为

$$y_{g,m}^{\mathrm{ID}} = \sqrt{\chi_{g,m}}\,\overline{y}_{g,m} + \mu_{g,m} \qquad (6.7)$$

式中，$\mu_{g,m} \sim \mathrm{CN}(0, \sigma_\mu^2)$ 为功率分裂器产生的热噪声。

能量采集信号不需要经过 SIC 解码，因此接收信号根据式（6.1）可得

$$y_{g,m}^{\mathrm{EH}} = \sqrt{1 - \chi_{g,m}}\,y_{g,m} + \mu_{g,m} \qquad (6.8)$$

假设经过能量采集器后的能量转换效率为 $\eta(0 \leqslant \eta \leqslant 1)$，则最终能量采集信号可转换的能量为

$$P_{g,m}^{\mathrm{EH}} = \eta(1 - \chi_{g,m})\left(\sum_{i=1}^{G}\sum_{j=1}^{M_i} \| \overline{\boldsymbol{h}}_{g,m}^{\mathrm{H}} \boldsymbol{d}_i \|_2^2\, p_{i,j} + \sigma_v^2 \right) \qquad (6.9)$$

6.2.5 卫星地球站干扰信号模型

卫星地球站接收来自卫星的毫米波 Ka 频段信号，该信号频段与次级地面网络冲突。在本书中忽略卫星对地面网络用户同频毫米波频段的微弱干扰[66, 143]，但需要考虑基站对地球站的干扰，则此干扰信号可表示为

$$y_p = \sqrt{10\lg^{G_\mathrm{P}(\phi)}} \, \boldsymbol{h}_\mathrm{p}^\mathrm{H} \boldsymbol{A} \sum_{i=1}^{G} \sum_{j=1}^{M_i} \boldsymbol{d}_i \sqrt{p_{i,j}} s_{i,j} + v_p \qquad (6.10)$$

式中，$\boldsymbol{h}_p$ 为地球站的毫米波信道模型；v_p 为卫星地球站信道加性高斯白噪声；$G_\mathrm{P}(\phi)$ 为抛物形天线的辐射方向图[144]，具体为

$$G_\mathrm{P}(\phi) = \begin{cases} G_{\max} - 2.5 \times 10^{-3} \left(\dfrac{d}{\lambda} \phi \right)^2, & 0° \leqslant \phi < \phi_m \\[2mm] 2 + 15\lg \dfrac{d}{\lambda}, & \phi_m \leqslant \phi < \phi_r \\[2mm] 32 - 25\lg\phi, & \phi_r \leqslant \phi < 48° \\[2mm] -10, & 48° \leqslant \phi < 100° \end{cases} \qquad (6.11)$$

式中，$G_{\max}$ 为主瓣增益；ϕ 为天线发射角。

根据式（6.10），可以得到卫星地球站接收到基站信号的信噪比为

$$\gamma_p = \frac{10\lg^{G_\mathrm{P}(\phi)} \sum_{i=1}^{G} \sum_{j=1}^{M_i} \| \boldsymbol{h}_p^\mathrm{H} \boldsymbol{A} \boldsymbol{d}_i \|_2^2 \, p_{i,j}}{\sigma_p^2} \qquad (6.12)$$

式中，σ_p^2 为地球站的噪声功率。

6.2.6　窃听者信号模型

通常情况下，窃听者是被动的，基站对其 CSI 并不完全了解。因此，窃听者信道不确定性应该予以考虑。本书对信道不确定性的定义如下[65, 145]：

$$\bar{\boldsymbol{h}}_\mathrm{E}^\mathrm{H} = \bar{\boldsymbol{h}}_\mathrm{E} + \Delta\boldsymbol{h}_\mathrm{E} \qquad (6.13)$$

式中，$\bar{\boldsymbol{h}}_\mathrm{E} = \boldsymbol{h}_\mathrm{E} \boldsymbol{A}$ 是信道模拟预编码后的等效信道信息；$\Delta\boldsymbol{h}_\mathrm{E}$ 是边界为 τ 的等效信道误差，具体为

$$\Delta\boldsymbol{h}_\mathrm{E} (\Delta\boldsymbol{h}_\mathrm{E})^\mathrm{H} \leqslant \tau \qquad (6.14)$$

由此可得窃听者窃听信号为

$$y_{g,m}^\mathrm{E} = \bar{\boldsymbol{h}}_\mathrm{E}^{=\mathrm{H}} \sum_{i=1}^{G} \sum_{j=1}^{M_i} \boldsymbol{d}_i \sqrt{p_{i,j}} s_{i,j} + v_\mathrm{E} \qquad (6.15)$$

6.3 星地集成网络安全能效最大化问题及其求解

本节将针对毫米波星地系统的安全能效进行分析。SWIPT 技术由功率分裂因子 $\chi_{g,m}$ 把接收信号分为信息解码和能量采集两部分。由于功率分裂因子和功率分配变量的耦合及窃听者的信道不确定性，导致优化问题为一个非凸问题，很难获得其最优解。为解决这一问题，本节提出一种迭代优化算法来获得原问题的解。

6.3.1 安全能效最大化问题

完成混合预编码设计后，考虑采用物理层安全技术保证信息安全。根据式（6.7）和式（6.15），可以得到合法用户（g，m）的安全速率为

$$
\begin{aligned}
R_{g,m}^{\text{sec}} &= R_{g,m} - R_{g,m}^{\text{E}} \\
&= \log_2(1 + \text{SINR}_{g,m}) - \log_2(1 + \text{SINR}_{g,m}^{\text{E}})
\end{aligned}
\tag{6.16}
$$

其中，合法用户（g，m）和窃听者的信干噪比分别为

$$
\text{SINR}_{g,m} = \frac{\chi_{g,m} \| \bar{\boldsymbol{h}}_{g,m}^{\text{H}} \boldsymbol{d}_g \|_2^2 \, p_{g,m}}{\chi_{g,m} \xi_{g,m} + \sigma_\mu^2} = \frac{\| \bar{\boldsymbol{h}}_{g,m}^{\text{H}} \boldsymbol{d}_g \|_2^2 \, p_{g,m}}{\xi_{g,m} + \sigma_\mu^2 / \chi_{g,m}}
\tag{6.17}
$$

$$
\text{SINR}_{g,m}^{\text{E}} = \frac{\| \bar{\boldsymbol{h}}_{\text{E}}^{\text{H}} \boldsymbol{d}_g \|_2^2 \, p_{g,m}}{\xi_{g,m}^{\text{E}}}
\tag{6.18}
$$

式中，$\xi_{g,m}$ 和 $\xi_{g,m}^{\text{E}}$ 分别为

$$
\xi_{g,m} = \| \bar{\boldsymbol{h}}_{g,m}^{\text{H}} \boldsymbol{d}_g \|_2^2 \sum_{j=1}^{m-1} p_{g,j} + \sum_{i \neq g} \| \bar{\boldsymbol{h}}_{g,m}^{\text{H}} \boldsymbol{d}_i \|_2^2 \sum_{j=1}^{M_i} p_{i,j} + \sigma_v^2
\tag{6.19}
$$

$$
\xi_{g,m}^{\text{E}} = \| \bar{\boldsymbol{h}}_{\text{E}}^{\text{H}} \boldsymbol{d}_g \|_2^2 \sum_{j \neq m} p_{g,j} + \sum_{i \neq g} \| \bar{\boldsymbol{h}}_{\text{E}}^{\text{H}} \boldsymbol{d}_i \|_2^2 \sum_{j=1}^{M_i} p_{i,j} + \sigma_{\text{E}}^2
\tag{6.20}
$$

所述系统模型中，在基站对卫星地面站的干扰低于可接受阈值的条件下，次级地面网络可以和初级卫星网络共享相同的毫米波频段资源，形成的优化问题可表示为

$$P_1 : \max_{p_{g,m}, \chi_{g,m}} \frac{R_{\text{sec}}}{\sum_{g=1}^{G} \sum_{m=1}^{M_g} p_{g,m} + P_C}$$

$$\text{s.t.} C_1 : \sum_{g=1}^{G} \sum_{m=1}^{M_g} p_{g,m} \leq P_{\max}$$

$$C_2 : R_{g,m} \geq R_{\min}$$

$$C_3 : P_{g,m}^{\text{EH}} \geq P_{\min}$$

$$C_4 : \gamma_p \leq \gamma_{\max}$$

$$C_5 : \Delta h_{\text{E}} (\Delta h_{\text{E}})^{\text{H}} \leq \tau$$

(6.21)

其中，为了保证安全、绿色通信，在满足基站发射功率约束、合法用户的数据速率 QoS 约束及基站对卫星地面站干扰约束的前提下，结合窃听信道的不确定性，优化基站的发射功率，使得系统的安全能效最大化。假设 $P_C = N_{\text{RF}} P_{\text{RF}} + N_{\text{PS}} P_{\text{PS}} + P_B$ 表示基站电路功耗，P_{RF}、P_{PS} 和 P_B 分别表示射频链、移相器和基带信号处理的电路功耗。所形成的优化问题式（6.21）中，P_1 为系统安全能效最大化优化问题；约束 C_1 表示基站总发射功率不大于 $P_{\max}$；C_2 表示合法用户 (g, m) 的数据速率 QoS 约束为 $R_{\min}$；C_3 表示用户能量采集约束为 $P_{\min}$；C_4 表示基站对卫星地面站的最大允许干扰约束 $Y_{\max}$；C_5 表示窃听信道的信道不确定性约束。

6.3.2 优化问题求解

6.3.1 小节形成了一个系统安全能效最大化问题。式（6.21）中，目标函数 P_1 为分式多变量耦合形式；另外，约束条件 C_2、C_3 和 C_5 非凸，不能直接求解。本小节将对该非凸问题提出求解方案。

针对目标函数 P_1，存在常数 λ，可将原问题进行等效转化为

$$P_2 : \max_{p_{g,m}, \chi_{g,m}} \left\{ \sum_{g=1}^{G} \sum_{m=1}^{M_g} (R_{g,m}^{\text{sec}} - \lambda p_{g,m}) - \lambda P_C \right\}$$

$$\text{s.t.} C_1, C_2, C_3, C_4, C_5$$

(6.22)

同时，存在 λ^* 是优化问题式（6.22）的最优解，并且满足条件如下：

$$\max_{p_{g,m}, \chi_{g,m}} \left\{ \sum_{g=1}^{G} \sum_{m=1}^{M_g} R_{g,m}^{\text{sec}} - \lambda^* \left(\sum_{g=1}^{G} \sum_{m=1}^{M_g} p_{g,m} + P_C \right) \right\}$$

(6.23)

$$= \sum_{g=1}^{G} \sum_{m=1}^{M_g} (R_{g,m}^{\text{sec}^*} - \lambda^* p_{g,m}) - \lambda^* P_C = 0$$

证明过程见定理 5.1。

此时式（6.22）依然无法直接求解，$R_{g,m}^{\text{sec}}$ 依然是一个非凸项，因此引入辅助变量 $t_{g,m}$、$\alpha_{g,m}$ 和 $\beta_{g,m}$，将式（6.22）中的 $R_{g,m}^{\text{sec}} = \log_2(1+\text{SINR}_{g,m}) - \log_2(1+\text{SINR}_{g,m}^{\text{E}})$ 进行变量代换，同时新增相应的约束条件，至此目标函数 P_2 转化为凸函数，优化问题式（6.22）转换为如下形式：

$$P_3: \max_{\{p_{g,m},\chi_{g,m},t_{g,m},\alpha_{g,m},\beta_{g,m}\}} \left\{ \sum_{g=1}^{G}\sum_{m=1}^{M_g}(t_{g,m}-\lambda p_{g,m}) - \lambda P_{\text{C}} \right\}$$

$$\text{s.t.} C_1: \sum_{g=1}^{G}\sum_{m=1}^{M_g} p_{g,m} \leqslant P_{\max}$$

$$C_2: R_{g,m} \geqslant R_{\min}$$

$$C_3: P_{g,m}^{\text{EH}} \geqslant P_{\min}$$

$$C_4: \gamma_p \leqslant \gamma_{\max}$$

$$C_5: \Delta \boldsymbol{h}_{\text{E}}(\Delta \boldsymbol{h}_{\text{E}})^{\text{H}} \leqslant \tau$$

$$C_6: \log_2(1+\alpha_{g,m}) - \log_2(1+\beta_{g,m}) \geqslant t_{g,m} \tag{6.24}$$

$$C_7: \alpha_{g,m} \leqslant \frac{\|\bar{\boldsymbol{h}}_{g,m}^{\text{H}}\boldsymbol{d}_g\|_2^2 p_{g,m}}{\xi_{g,m}+\sigma_\mu^2/\chi_{g,m}}$$

$$C_8: \beta_k \geqslant \frac{\|\bar{\bar{\boldsymbol{h}}}_{\text{E}}^{\text{H}}\boldsymbol{d}_k\|_2^2 p_k}{\sum_{i\neq k}\|\bar{\bar{\boldsymbol{h}}}_{\text{E}}^{\text{H}}\boldsymbol{d}_i\|_2^2 \rho_i + \sigma_\nu^2}, \quad k\in K$$

如前文所述，结合表 6.1 基于降低同频干扰的安全性分簇算法，将第 k 个合法用户分配在第 g 个分簇中的第 m 个位置，记为合法用户（k）或合法用户（g,m）。因此，式（6.24）中的 $\beta_{g,m}$ 与 δ_k 等价，文中类似变量均可做同类替换。

此时，式（6.24）中的 C_2、C_3、C_5、C_6、C_7 和 C_8 均为非凸约束条件，无法直接求解。首先，针对约束条件 C_2 进行转换，引入新变量 $\delta_{g,m}$，可转化为

$$\bar{C}_2: \|\bar{\boldsymbol{h}}_{g,m}^{\text{H}}\boldsymbol{d}_g\|_2^2 p_{g,m} \geqslant (2^{R_{\min}}-1)(\xi_{g,m}+\sigma_\mu^2\delta_{g,m}) \tag{6.25}$$

另外，新增约束条件 C_9，可得

$$C_9: \delta_{g,m} \geqslant \frac{1}{\chi_{g,m}} \tag{6.26}$$

非凸约束条件 C_9 可采用舒尔补引理变换成凸矩阵形式[131]：

$$\overline{C}_9 : \begin{bmatrix} \delta_{g,m} & 1 \\ 1 & \chi_{g,m} \end{bmatrix} \succeq 0 \tag{6.27}$$

其次，针对约束条件 C_3 引入变量 $\vartheta_{g,m}$，可得

$$\overline{C}_3 : \sum_{i=1}^{G} \sum_{j=1}^{M_i} \| \overline{\boldsymbol{h}}_{g,m}^{\mathrm{H}} \boldsymbol{d}_{\mathbf{i}} \|_2^2 p_{i,j} + \sigma_v^2 \geqslant \vartheta_{g,m} \tag{6.28}$$

另外，新增约束条件 C_{10}：

$$C_{10} : \vartheta_{g,m} \geqslant \frac{P_{g,m}^{\min}}{\eta(1 - \chi_{g,m})} \tag{6.29}$$

约束条件 C_{10} 同样可采用舒尔补引理变换成凸矩阵形式[131]：

$$\overline{C}_{10} : \begin{bmatrix} \vartheta_{g,m} & \sqrt{P_{g,m}^{\min} / \eta} \\ \sqrt{P_{g,m}^{\min} / \eta} & 1 - \chi_{g,m} \end{bmatrix} \succeq 0 \tag{6.30}$$

接着，针对非凸约束条件 C_6，利用 β_k 在定义域内的点对 $\log_2(1 + \beta_k)$ 项进行一阶泰勒展开，可以得到：

$$\log_2(1 + \beta_k) \approx \log_2(1 + \beta_k^{[i]}) + \frac{\beta_k - \beta_k^{[i]}}{1 + \beta_k^{[i]}} \tag{6.31}$$

式中，$\beta_k^{[i]}$ 为 β_k 第 i 次的迭代值，则 C_6 可转换为凸形式：

$$\overline{C}_6 : \log(1 + \alpha_k) - \log(1 + \beta_k^{[i]}) - \frac{\beta_k - \beta_k^{[i]}}{1 + \beta_k^{[i]}} \geqslant t_k \tag{6.32}$$

针对非凸约束条件 C_7，引入新的辅助变量 $v_{g,m}$，转换成如下形式：

$$\alpha_{g,m} v_{g,m} \leqslant \| \overline{\boldsymbol{h}}_{g,m}^{\mathrm{H}} \boldsymbol{d}_g \|_2^2 p_{g,m} \tag{6.33}$$

同时，新增约束条件 C_{11}：

$$C_{11} : v_{g,m} \geqslant \xi_{g,m} + \sigma_\mu^2 \delta_{g,m} \tag{6.34}$$

式（6.33）可用舒尔补引理转换[131]：

$$\overline{C}_7 : \begin{bmatrix} \| \overline{\boldsymbol{h}}_{g,m}^{\mathrm{H}} \boldsymbol{d}_g \|_2^2 & \alpha_{g,m} \\ v_{g,m} & p_{g,m} \end{bmatrix} \succeq \boldsymbol{0} \tag{6.35}$$

最后，对约束条件 C_8 应用经典的 S-procedure 技术求解[146]。首先将窃听信道不确定性定义式（6.13）代入项 $\| \overline{\overline{\boldsymbol{h}}}_{\mathrm{E}}^{\mathrm{H}} \boldsymbol{d}_k \|_2^2 p_k$，可得

$$\| \overline{\boldsymbol{h}}_E^H \boldsymbol{d}_k \|_2^2 \, p_k = (\overline{\boldsymbol{h}}_E + \Delta \boldsymbol{h}_E) v_k (\overline{\boldsymbol{h}}_E + \Delta \boldsymbol{h}_E)^H \qquad (6.36)$$

式中，$\boldsymbol{v}_k = \boldsymbol{d}_k \boldsymbol{d}_k^H p_k$。

约束条件 C_8 可转换为

$$\overline{\boldsymbol{h}}_E v_k \overline{\boldsymbol{h}}_E^H + 2\operatorname{Re}\{\overline{\boldsymbol{h}}_E v_k \Delta \boldsymbol{h}_E^H\} + \Delta \boldsymbol{h}_E v_k \Delta \boldsymbol{h}_E^H \leqslant$$

$$\beta_k \Big[\sum_{i \neq k}^{K} (\Delta \boldsymbol{h}_E v_i \Delta \boldsymbol{h}_E^H + 2\operatorname{Re}\{\overline{\boldsymbol{h}}_E v_i \Delta \boldsymbol{h}_E^H\} + \overline{\boldsymbol{h}}_E v_i \overline{\boldsymbol{h}}_E^H) + \sigma_E^2 \Big] \qquad (6.37)$$

此时式（6.37）依然为非凸的，引入辅助变量 ψ_k、κ_k 和 ϕ_k，则可以分解成如下形式：

$$\overline{\boldsymbol{h}}_E v_k \overline{\boldsymbol{h}}_E^H + 2\operatorname{Re}\{\overline{\boldsymbol{h}}_E v_k \Delta \boldsymbol{h}_E^H\} + \Delta \boldsymbol{h}_E v_k \Delta \boldsymbol{h}_E^H - \psi_k \leqslant 0 \qquad (6.38)$$

$$\Delta \boldsymbol{h}_E \boldsymbol{\Xi}_i \Delta \boldsymbol{h}_E^H + 2\operatorname{Re}\{\overline{\boldsymbol{h}}_E \boldsymbol{\Xi}_i \Delta \boldsymbol{h}_E^H\} + \overline{\boldsymbol{h}}_E \boldsymbol{\Xi}_i \overline{\boldsymbol{h}}_E^H + \phi_k - \sigma_E^2 \leqslant 0 \qquad (6.39)$$

$$\psi_k \leqslant \kappa_k^2 \qquad (6.40)$$

$$\kappa_k^2 \leqslant \beta_k \phi_k \qquad (6.41)$$

式中，$\boldsymbol{\Xi}_i = -\sum_{i \neq k}^{K} \boldsymbol{v}_i$。

对于式（6.38）、式（6.39）及式（6.24）中的约束条件 C_5，可应用 S–procedure，即存在如下定理。

定理 6.1 定义如下函数：

$$f_i(\boldsymbol{x}) = \boldsymbol{x} \boldsymbol{U}_i \boldsymbol{x}^H + 2\operatorname{Re}\{c_i \boldsymbol{x}^H\} + b_i, i \in \{1, 2\} \qquad (6.42)$$

式中，$\boldsymbol{x} \in C^{1 \times \Gamma}; \boldsymbol{U}_i \in C^{\Gamma \times \Gamma}; c_i \in C^{1 \times \Gamma}; b_i \in R$。

如果式（6.43）成立：

$$f_i(\boldsymbol{x}) \leqslant 0 \Rightarrow f_2(\boldsymbol{x}) \leqslant 0 \qquad (6.43)$$

则一定存在常数 ρ 满足：

$$\rho \begin{bmatrix} \boldsymbol{U}_1 & c_1^H \\ c_1 & b_1 \end{bmatrix} - \begin{bmatrix} \boldsymbol{U}_2 & c_2^H \\ c_2 & b_2 \end{bmatrix} \pm 0 \qquad (6.44)$$

根据定理 6.1，将式（6.38）和 C_5 结合，存在常数 ς_k，可得到如下线性矩阵不等式：

$$C_{12}: \begin{bmatrix} \varsigma_k \boldsymbol{I} - \boldsymbol{v}_k & -(\overline{\boldsymbol{h}}_E \boldsymbol{v}_k)^H \\ -\overline{\boldsymbol{h}}_E \boldsymbol{v}_k & \psi_k - \varsigma_k \tau - \overline{\boldsymbol{h}}_E \boldsymbol{v}_k \overline{\boldsymbol{h}}_E^H \end{bmatrix} \pm 0 \qquad (6.45)$$

同理，将式（6.39）和 C_5 结合，存在常数 ε_k，可得

$$C_{13}: \begin{bmatrix} \varepsilon_k \boldsymbol{I} - \Xi_k & -(\overline{\boldsymbol{h}}_E \Xi_k)^H \\ -\overline{\boldsymbol{h}}_E \Xi_k & \sigma_E^2 - \phi_k - \varepsilon_k \tau - \overline{\boldsymbol{h}}_E \Xi_k \overline{\boldsymbol{h}}_E^H \end{bmatrix} \pm 0 \qquad (6.46)$$

针对新增的约束式（6.40），可将 κ_k^2 项展开为一阶泰勒级数形式：

$$\kappa_k^2 \approx (\kappa_k^{[i]})^2 + 2(\kappa_k - \kappa_k^{[i]})\kappa_k^{[i]} \qquad (6.47)$$

式中，$\kappa_k^{[i]}$ 为 κ_k 第 i 次迭代值，则式（6.40）可转换为约束条件：

$$C_{14}: (\kappa_k^{[i]})^2 + 2(\kappa_k - \kappa_k^{[i]})\kappa_k^{[i]} \geq \psi_k \qquad (6.48)$$

式（6.41）可根据舒尔补引理转换成凸形式[131]：

$$C_{15}: \begin{bmatrix} \beta_k & \kappa_k \\ \kappa_k & \phi_k \end{bmatrix} \pm 0 \qquad (6.49)$$

综上所述，式（6.24）所示的非凸问题转换为如下的半定规划（semi definite programming，SDP）问题：

$$P_4: \max_{\{p_{g,m}, \chi_{g,m}, t_{g,m}, \alpha_{g,m}, \beta_k, \delta_{g,m}, \upsilon_{g,m}\} \upsilon_{g,m}, \varsigma_k, \varepsilon_k, \kappa_k, \phi_k, \psi_k} \left\{ \sum_{g=1}^{G} \sum_{m=1}^{M_g} (t_{g,m} - \lambda p_{g,m}) - \lambda P_C \right\} \qquad (6.50)$$

s.t.$C_1, \overline{C}_2, \overline{C}_3, C_4, \overline{C}_6, \overline{C}_7, \overline{C}_9, \overline{C}_{10}, C_{11}, C_{12}, C_{13}, C_{14}, C_{15}$

此时问题式（6.50）为凸问题，可通过 CVX 工具箱进行求解[132]。

6.3.3 基于 S-procedure 的功率分配和功率分裂联合优化算法

6.3.2 小节将非凸问题转换成一个可用 CVX 工具箱直接求解的凸问题，但转化后的凸问题式（6.50）的解并非原问题式（6.21）的解。对于原问题的解，提出了一个基于 S-procedure 的功率分配和功率分裂联合优化算法，算法具体步骤如表 6.2 所示。

表 6.2　基于 S-procedure 的功率分配和功率分裂联合优化算法

输入：模拟预编码矩阵 A，数字预编码矩阵 D，基站总发射功率约束 $P_{\max}$，合法用户的数据速率和能量采集约束 $R_{g,m}^{\min}$、$P_{g,m}^{\min}$，地球站最大允许干扰约束 $Y_{\max}$

输出：最大安全能效 λ^*

1. 初始化设置，可执行的初始值 $\overline{\kappa}_{g,m}^{[0]}$、$\overline{\beta}_k^{[0]}$，收敛阈值 $\varepsilon = 10^{-5}$，$\lambda_{\text{down}} = 0$，$\lambda_{\text{up}} = 100$，$\lambda_{\text{mid}} = (\lambda_{\text{up}} + \lambda_{\text{down}})/2$，外层迭代次数 n，内层迭代次数 i

2. 外层循环

3. 内层循环

4. 将 $\lambda = \lambda_{\text{mid}}$ 代入式（6.50）求解，并得出第 i 次迭代的最优解 $K_{g,m}^{[i]}$、$\beta_{g,m}^{[i]}$

5. 更新第（$i+1$）次的可执行初始值，$\overline{\kappa}_{g,m}^{[i+1]} = \kappa_{g,m}^{[i]}$，$\overline{\beta}_{g,m}^{[i+1]} = \beta_{g,m}^{[i]}$

6. 内层循环判断：$\kappa_{g,m}^{[i]}$、$\beta_{g,m}^{[i]}$ 是否收敛，是则跳出，否则返回第 3 步

7. 若 $\sum_{}^{G}\sum_{}^{M_g}(R_{g,m}^{\text{sec}[n]} - \lambda_{\text{mid}} p_{g,m}^{[n]}) - \lambda_{\text{mid}} P_{\text{C}} > 0$，则 $\lambda_{\text{down}} = \lambda_{\text{mid}}$

8. 否则 $\lambda_{\text{up}} = \lambda_{\text{mid}}$

9. 更新 $\lambda_{\text{mid}} = (\lambda_{\text{up}} + \lambda_{\text{down}})/2$

10. 外层循环判断：式（6.23）是否成立，是则跳出，否则返回第 2 步

11. 返回 $\lambda^* = \dfrac{\sum_{g=1}^{G}\sum_{m=1}^{M_g} R_{g,m}^{\text{sec}[n]}}{\sum_{g=1}^{G}\sum_{m=1}^{M_g} p_{g,m}^{[n]} + P_{\text{C}}}$

　　该算法分为内层和外层两层迭代进行，首先取变量 κ_k 和 β_k 在定义域内的一组可行值代入式（6.50），求得最优解 $\kappa_k^{[i]}$、$\beta_k^{[i]}$，并将其作为下一次迭代的可行值继续求解直到收敛，内层迭代结束。内层迭代得到最优解后对安全能效 $\lambda^{[n]}$ 进行更新，并判断式（6.23）是否成立，否则开始下一轮迭代。

　　所提算法的收敛性分为内层迭代和外层迭代分别进行分析。对于内层迭代，第 i 次迭代的解为第（$i+1$）次迭代的可行解，即一阶泰勒展开的点逐渐逼近最优解，展开式误差逐渐变小，这意味着第（$i+1$）次迭代获得的优化值不小于第 i 次迭代获得的优化值，即迭代得出的最大安全速率将逐渐递增或保持。此外，由于约束条件 C_1 功率的限制，安全速率存在上界，因此所提算法具有收敛性，

至少能得到一个局部最优解。对于外层迭代，式（6.50）中的优化目标函数 P_4 是一个关于 λ 的单调函数，并且由于约束条件 C_1、C_2，目标函数存在上界和下界，一定存在最优解。同时，由于采用迭代更新，每次迭代获得的 $\lambda^{[n]}$ 将逐渐使目标函数 P_4 趋近于 0，根据 Dinkelbach 算法，每次迭代出的安全能效值将递增或保持，因此所提算法具有收敛性。

6.3.4　计算复杂度分析

本小节将分析上述算法的计算复杂度。由于求解的是一个 SDP 问题，因此假设表 6.2 中的算法内层循环和外层循环次数分别为 I_1 和 I_2。

求解问题式（6.50）的计算复杂度分析如下。优化变量总数 $n=13K$，其中共有 $7K+2$ 个一维线性约束、$2K$ 个二维 LMI 约束和 $2K$ 个维数为 $2N_{RF}$ 的 LMI 约束。求得最优解的迭代次数为 $\sqrt{2+11K+2\times 2KN_{RF}}$，每次迭代的计算复杂度为

$$C_{ite} = n\{\,[4K(4N_{RF}+4)^3+6K+2]+n[4K(4N_{RF}+4)^2+6K+2]+n^2\} \quad （6.51）$$

假设 ε 为计算精度，则表 6.2 中算法的计算复杂度为

$$O\left[nI_1I_2\sqrt{2+11K+2\times 2KN_{RF}}\,C_{ite}\log_2(1/\varepsilon)\right] \quad （6.52）$$

6.4　仿真结果与分析

6.4.1　仿真参数设置

为验证毫米波星地网络关于安全能效所提方法的性能，本节将通过实验仿真对安全频谱效率和安全能效进行分析。仿真参数如表 6.3 所示[66, 143]。

表 6.3　仿真参数

参　　数	数　　值
载波频率	28GHz
噪声功率谱密度	–174dBm/Hz
系统带宽	20MHz
基站天线数 N_{TX}	64
射频链数目 N_{RF}	6

续表

参　　数	数　　值
合法用户数 K	10
移相器相位比特 B	4
能量采集效率 η	0.9
射频链功率 P_{RF}	300mW
移相器功率 P_{PS}	40mW
基带电路功率 P_B	200mW
抛物形天线发射角 Φ	50°
基站对地球站 SNR 阈值 Υ_{max}	−12dB

基站配备 8×8 的均匀平面阵列天线，10 个合法用户分为 6 簇，其中每簇至少有一个合法用户。合法用户（g,m）、地球站和窃听者的毫米波信道传播路径 $L_{g,m}=3$，包括 1 个复增益服从高斯分布 $\alpha^1 \sim CN(0,1)$ 的 LoS 路径，还包括 2 个同样服从高斯分布 $\alpha^l \sim CN(0,10^{-1})$、$(l=2,3)$ 的 N LoS 路径，天线水平方向角 φ^l 和垂直方向角 θ^l 服从 $U[0,2\pi)$ 的均匀分布。

6.4.2　算法收敛性

基于 S-procedure 的功率分配和功率分裂联合优化算法收敛如图 6.2 所示。该算法对全连接和部分连接两种结构的收敛性进行了仿真，并对比了不同信道误差情况下算法的收敛情况。

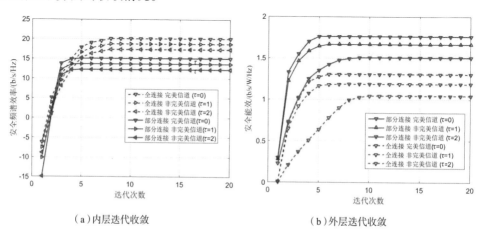

（a）内层迭代收敛　　　　　　　　　（b）外层迭代收敛

图 6.2　基于 S-procedure 的功率分配和功率分裂联合优化算法收敛

图 6.2（a）所示为内层迭代收敛，全连接结构在迭代 10 次后趋于稳定，部分连接结构在迭代 5 次后趋于稳定，此时信道误差的变化对算法的收敛性影响不大。对内层迭代来说，信道误差取不同值时，算法的收敛性基本保持一致。图 6.2（b）所示为外层迭代收敛，与内层迭代相似，部分连接收敛较快，但信道误差的变化对算法收敛性有着较大的影响，可以看到对于完美信道（$\tau = 0$）和信道误差（$\tau = 1$）两种情况，两种连接结构均在 6 次迭代内收敛；当存在信道误差 $\tau = 2$ 时，外层迭代 10 次后收敛。在后续的仿真中，内层迭代最大迭代次数设为 10 次，外层迭代最大迭代次数设为 15 次。

6.4.3 系统安全频谱效率对比

如图 6.3 所示，在不同预编码结构下，随着总发射功率限制 $P_{\max}$ 的增大，安全频谱效率逐渐增大，但在到达一定阈值后均趋近水平。这是因为约束条件 C_4，即基站对卫星地球站干扰约束导致基站信号的发射功率受到了限制。另外，传统全数字预编码系统的安全频谱效率最大，其次是全连接结构和部分连接结构。因为传统全数字预编码可以使用更多射频链提供全幅度全相位的增益，全连接结构每个波束可以使用所有天线的全阵列增益，而部分连接结构每个波束只能使用 $N_{\mathrm{TX}} / N_{\mathrm{RF}}$ 个天线增益，所以部分连接结构安全频谱效率最低，但是功耗最小。此外，图 6.3 还对比了窃听者信道不同误差下的安全频谱效率。在窃听者信道是完

美信道情况下，即信道误差 $\tau = 0$ 时，安全频谱效率最高；在窃听者信道是非理想信道情况下，即信道误差 $\tau = 1$、2 时，随着信道误差 τ 的增加，安全频谱效率逐渐降低。另外，可以明显看到信道误差对于全连接结构的安全频谱效率影响明显高于部分连接结构，这是由于部分连接不仅对用户提供的信道增益有限，对窃听者同样有限，因此在窃听者非理想信道下，部分连接的系统影响较小。

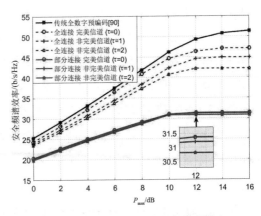

图 6.3 不同信道误差下安全频谱效率

图 6.4 为不同结构下安全频谱效率 – 安全能效对比。对比图 6.3 可知，在未达到地球站干扰约束限制前，安全能效随着安全速率增加有所提升。混合预编码结构相比传统全数字预编码在安全能效方面的表现更加优秀，其中全连接结构相比传统全数字预编码，以不到 3% 的安全速率损失得到了最大 30% 的安全能效提升。当达到干扰约束限制后，安全速率提升有限，并且系统安全能效会随着安全速率增大而急剧下降。

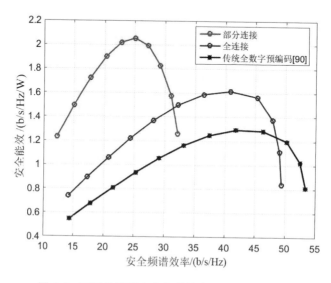

图 6.4　不同结构下安全频谱效率 – 安全能效对比

图 6.5 所示为基站对地球站不同干扰约束 Y_{max} 下的安全频谱效率，由于卫星站与地球站的毫米波信道相较于地面网络高速移动信道更近似于一个恒参信道，路径衰落的变化情况较为缓慢，因此，卫星 – 地球站信道衰落可间接体现为基站对地球站不同允许干扰约束 Y_{max} 的值。与图 6.3 类似，安全频谱效率随着 P_{max} 的增大逐渐增大，到达一定阈值后均趋近水平，这是因为 Y_{max} 的限制使信号的发射功率受到了限制。当 Y_{max} 取值不同时，3 种结构的安全频谱效率曲线发生了变化，在 $P_{max} \leqslant 8\mathrm{dB}$ 时，安全频谱效率对 Y_{max} 取不同值没有产生变化，因为此时基站发射功率的上界还是取决于系统的总发射功耗，即问题式（6.21）中约束条件 C_1 的限制；随着 P_{max} 的增大，当 $P_{max} > 8\mathrm{dB}$ 时，3 种结构的安全频谱效率出现了不同，因为此时不仅仅约束条件 C_1 起到限制作用，约束条件 C_4 的耦合也对问题的上界产生了影响，安全频谱效率不再随 P_{max} 呈线性增长，趋势逐渐平缓；直到 $P_{max} > 14\mathrm{dB}$ 时，优化问题上界完全由约束条件 C_4 决定，系统的安全能效不再随着 P_{max} 增长，变为水平。另外，可以

看出，在 $P_{max} \geq 12\text{dB}$ 时，Y_{max} 提高 1dB，导致 3 种结构的安全频谱效率均有所提升。

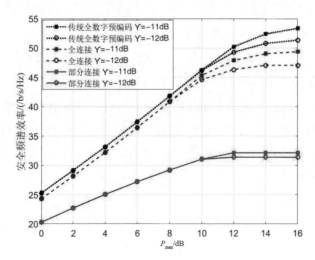

图 6.5　基站对地球站不同干扰约束 Y_{max} 下的安全频谱效率

6.4.4　系统安全能效对比

图 6.6 所示为不同信道误差下的安全能效。由图 6.6 可见，对于 3 种结构，当功率限制 $P_{max} \leq 2\text{dB}$ 时，系统安全能效逐渐增大；当 $P_{max} \geq 2\text{dB}$ 时，安全能效数值保持不变。这是由于功率限制 P_{max} 较小时，式（6.21）中表示安全能效的目标函数 P_1 中的分子安全频谱效率 R_{sec} 起决定作用，保证安全能效增加；而当功率限制逐渐增大到一定阈值时，将导致分子分母的数值同时增加，分子安全频谱效率 R_{sec} 增幅已无法匹配分母上的总功率增幅，所以无法进一步提高系统的安全能效，导致即使功率限制扩大，基站对合法用户的发射总功率依然维持不变，安全能效趋于定值。与图 6.3 所示的安全频谱效率相反，由于射频链数量和移相器的增加会提高系统功耗，因此安全能效最高的是部分连接结构，其次是全连接结构和传统全数字预编码结构。在 $P_{max} \geq 10\text{dB}$ 时，部分连接结构安全能效比传统全数

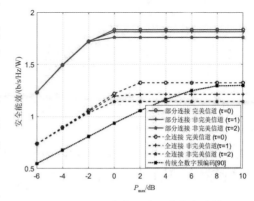

图 6.6　不同信道误差下的安全能效

字预编码提升了 40%。此外，与图 6.3 情况相同，信道为完美信道（$\tau = 0$）时安全能效最大，随着窃听者信道误差的增大（$\tau = 1$、2），系统安全能效逐渐降低，并且部分连接对于信道误差变化的敏感性更小。

图 6.7 所示为系统最大安全能效时的总发射功耗。从图 6.7 中可以看出，在总功率限制 P_{max} 达到 0dB 之前，3 种结构均是满功率输出，此时安全速率达到最大；当 $P_{max} \geq 10$dB 时，总发射功率逐渐趋近一个定值，这与图 6.6 中的安全能效曲线相符合。3 种结构相比较，部分连接结构能耗最小，安全能效最大，结合图 6.5 可知，它是以牺牲安全速率为代价换来的安全能效提升；其次是全连接结构，对比图 6.3 可得，其以比较小的功耗为代价大幅度提高了系统的安全速率；传统全数字预编码的能耗最大，因此安全速率最大，但系统安全能效最低。另外，这仅仅是计算系统的发射功率的功耗，并不包括基站端电路的功耗，如果算上射频链和移相器等电路的开销，数字预编码系统的总体能耗无疑是巨大的。

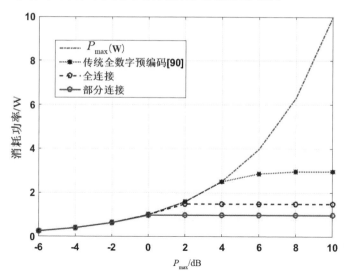

图 6.7　系统最大安全能效时的总发射功耗

6.4.5　地球站干扰信噪比对比

本小节对比了在系统安全速率最大情况下，采用不同用户分簇方法时，基站对地球站的干扰信噪比。

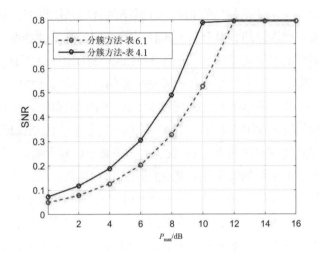

图 6.8 地球站干扰信噪比对比

图 6.8 验证了表 6.1 所述分簇方法对地球站干扰的抑制作用，在基站对地球站干扰信噪比 $\gamma_p \leqslant \gamma_{max}$ 时，所述用户分簇方法的干扰小于表 4.1 所述方法。随着基站发射功率的不断增加，基站对地球站的干扰也逐渐增大。由于式（6.21）中约束条件 C_4 的限制，当 $P_{max} > 12$dB 时，干扰信噪比维持在阈值 γ_{max} 不变。

本小节针对毫米波星地网络系统安全能效问题进行了模拟仿真。仿真结果首先验证所述迭代算法的收敛性，并对比了不同信道误差情况下对算法收敛性的影响。其次，比较了传统全数字预编码、全连接结构预编码和部分连接结构预编码 3 种结构的安全速率和安全效能。结果表明，在安全速率方面，传统数字预编码最优，但是功耗巨大，导致安全能效最差；在安全能效方面，部分连接结构的表现更加优越，全连接结构相比传统全数字预编码，以不到 3% 的安全速率损失得到了最大 30% 的安全能效提升。同时，在被动窃听者存在的情况下，窃听者信道信息存在误差时，对比了全连接和部分连接结构的安全能效。3 种结构中，全连接结构以较小的功耗为代价大幅度提高了系统的安全速率，又保证了系统安全能效。最后，仿真结果验证了改进后的用户分簇方案抑制了地球站的干扰。

本 章 小 结

本章主要研究了毫米波星地网络下行链路的安全能效问题，主要内容涵盖了系统建模、关于功率分配和功率分裂联合优化的安全能效最大化问题、问题求解及模拟仿真等部分。

首先，建立了卫星通信网络和地面 5G 网络融合的系统模型。该系统分为初级卫星网络和次级地面网络，并且两级网络共享相同的毫米波频段。初级卫星网络中，有一个固定的卫星地面站和装配了抛物形天线的地球站，通信频段采用毫米波 Ka 频段，地球站与基站通过有线链路传输信号。地面网络中，集成了目前先进的 5G 相关技术，采用毫米波大规模 MIMO-NOMA 系统，并且用户端装配 PS 型功率分裂器实现 SWIPT 技术。基站采用混合模拟/数字预编码结构，模拟预编码形成高增益的方向性波束，ZF 数字预编码减小簇间干扰。

其次，形成一个系统的安全能效优化问题，目标函数是最大化系统的安全能效，约束条件分别为基站对用户的发射功率约束、QoS 约束及卫星地面站的信噪比约束等。同时，考虑了窃听者 CSI 的不确定性。针对多变量耦合和问题的非凸性，提出了一种基于 S-procedure 的功率分配和功率分裂联合优化算法获得最初问题的局部最优解。

最后，仿真结果对比了 3 种不同结构的安全速率和安全能效性能，验证了改进后的用户分簇方案抑制了地球站的干扰；全连接结构混合预编码相比传统全数字预编码，以不到 3% 的安全速率损失得到了最大 30% 的安全能效提升；部分连接结构在相同功率约束条件下，比传统全数字预编码安全能效至少提升了 40%。

第7章 基于 SWIPT 的 RIS 辅助毫米波大规模 MIMO–NOMA 系统研究

7.1 引 言

基于连续相位调制的毫米波大规模 MIMO–NOMA 系统在提高频谱效率和安全能效方面具有优势。然而,毫米波穿透力差,易被障碍物阻挡,导致基站和用户之间无法正常通信。针对此问题,采用最近兴起的 RIS 辅助通信技术可以很好地解决。另外,移动终端设备往往通过电池进行供能,不仅带来额外的成本开销,而且系统的稳定性受电池寿命影响很大。由于射频信号除了携带信息外,还可以携带能量,因此能够采用 SWIPT 技术为终端设备供能。因此,研究 RIS 技术和 SWIPT 技术在毫米波大规模 MIMO–NOMA 系统中的应用也具有很重要的现实意义。目前也有一些相关文献对 RIS 技术和 SWIPT 技术在毫米波大规模 MIMO–NOMA 系统中的应用进行了研究。文献[147,148]仅仅研究了 RIS 辅助毫米波大规模 MIMO–NOMA 系统频谱效率优化问题,没有考虑 SWIPT 技术。文献[40,125]虽然研究了集成 SWIPT 技术的毫米波大规模 MIMO–NOMA 系统,但是没有考虑 RIS 技术。

根据以上研究现状,本章研究了连续相位调制的 RIS 辅助毫米波大规模 MIMO–NOMA 系统的频谱效率资源优化问题,其中每一个用户都配备一个功率分裂器用于能量采集。具体来说,本章构建了以用户 QoS、能量采集 QoS 和发射总功率约束的,以系统频谱效率最大化为目标的,联合功率分配、功率分裂、模拟预编码和 RIS 反射矩阵的优化问题。为解决此非凸问题,本章提出一种基于交替迭代和 SCA 的联合优化算法。

7.2 基于 RIS 的毫米波大规模 MIMO–NOMA 系统模型

基于 RIS 的毫米波大规模 MIMO–NOMA 携能通信系统如图 7.1 所示。基站处的稀疏射频链结构如图 7.2 所示。其中，基站配备 N_{TX} 根发射天线和 1 条射频链。假设由于建筑物遮挡，基站和用户之间没有直接通信链路，用户只能接收来自 RIS 的反射信号。N_{RIS} 和 K 分别代表 RIS 元素和用户的数量。

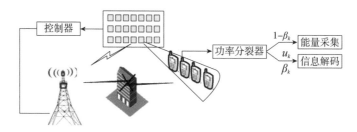

图 7.1 基于 RIS 的毫米波大规模 MIMO–NOMA 携能通信系统

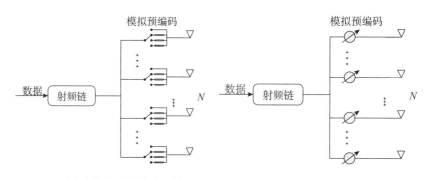

（a）所提基于连续相位调制　　　　（b）传统基于移相器调制

图 7.2 基站处的稀疏射频链结构

假设所有用户具有完美的信道状态信息。考虑到硬件成本，RIS 相移只能从一组有限的离散值中选择，每个元件的离散相移值集合如下：

$$\vartheta_j = \Omega = \left\{ \frac{2\pi n}{2^B}, n = 0,1,\cdots,2^B-1 \right\}, j \in \{1,2,\cdots,N_{\text{RIS}}\} \qquad (7.1)$$

式中，B 为 RIS 离散相位的分辨率。

在基站处执行资源分配的计算，然后将资源分配的结果（RIS 的反射矩阵）传递给 RIS。

在图 7.1 中，RIS 相移由连接的智能控制器控制，基站可以通过专用的无线控制链路将 RIS 反射矩阵传输到控制器[149]，则用户 k 的接收信号为

$$y_k = \boldsymbol{h}_k \boldsymbol{\Phi} \boldsymbol{G} \boldsymbol{w} \sum_{j=1}^{K} \sqrt{p_j} s_j + n_k \tag{7.2}$$

式中，s_j 和 p_j 分别为基站为用户 k 发射的信号和功率；n_k 为均值为 0，方差为 σ_v^2 的高斯白噪声；$\boldsymbol{w} \in \mathbb{C}^{N_{TX} \times 1}$ 为模拟预编码向量；$\boldsymbol{G} \in \mathbb{C}^{N_{RIS} \times N_{TX}}$ 为基站到 RIS 的链路矩阵；$\boldsymbol{\Phi} = \mathrm{diag}(\lambda_1 e^{\vartheta_1}, \cdots, \lambda_{N_{RIS}} e^{\vartheta_{RIS}}) \in \mathbb{C}^{N_{RIS} \times N_{RIS}}$ 为反射矩阵，其中 $\lambda_{N_{RIS}} \in [0,1]$ 为每个反射单元的幅度值［147］；$\boldsymbol{h}_k \in \mathbb{C}^{1 \times N_{RIS}}$ 为 RIS 到用户 k 的信道向量。

由于为每个用户配备了功率分裂器，因此用户接收的信号被分为能量采集和信息解码两部分。β_k（$0 < \beta_k < 1$）代表第 k 个用户的功率分裂因子，相应的第 k 个用户的能量采集信号为

$$y_k^{EH} = \sqrt{1 - \beta_k}\, y_k \tag{7.3}$$

因此，用户 k 采集的能量为

$$P_k^{EH} = \eta(1 - \beta_k)(\|\boldsymbol{h}_k \boldsymbol{\Phi} \boldsymbol{G} \boldsymbol{w}\|_2^2 \sum_{j=1}^{K} p_j + \sigma_v^2) \tag{7.4}$$

式中，$0 < \eta < 1$ 为能量转化系数。

那么第 k 个用户接收到用于信息译码的信号为

$$y_k^{ID} = \sqrt{\beta_k}\, y_k + u_k \tag{7.5}$$

式中，u_k 为功率分裂器在信号解码过程中引入的噪声干扰，其分布服从 $CN(0, \sigma_u^2)$。

从式（7.2）可以看出，用户 k 受其他用户的干扰，因此在接收端执行 SIC 技术可以消除有效信道条件较差的用户对信道条件较好用户的干扰。这里的有效信道是 $\boldsymbol{h}_k \boldsymbol{\Phi} \boldsymbol{G} \boldsymbol{w}$，即用户的有效信道增益由信道增益、模拟预编码和 RIS 反射矩阵共同决定。

由于模拟预编码和 RIS 反射矩阵是未知量，因此采用简化的等效信道 $\boldsymbol{h}_k \boldsymbol{G}$ 作为解码顺序的判决条件。假设用户信道按照简化的有效信道降序排列，即

$$\|\boldsymbol{h}_1 \boldsymbol{G}\|_2 \geqslant \|\boldsymbol{h}_2 \boldsymbol{G}\|_2 \geqslant \cdots \geqslant \|\boldsymbol{h}_K \boldsymbol{G}\|_2 \tag{7.6}$$

根据 NOMA 传输原理，那么第 k 个用户接收到用于信息译码的剩余信号为

$$\overline{y}_k^{ID} = \sqrt{\beta_k}(\boldsymbol{h}_k \boldsymbol{\Phi} \boldsymbol{G} \boldsymbol{w} \sqrt{p_k} s_k + \boldsymbol{h}_k \boldsymbol{\Phi} \boldsymbol{G} \boldsymbol{w} \sum_{j=1}^{k-1} \sqrt{p_j} s_j + n_k) + u_k \tag{7.7}$$

7.3 系统频谱效率最大化问题

根据式（7.7），可得用户 k 的信干噪比（SINR）为

$$\text{SINR}_k = \frac{\| \boldsymbol{h}_k \boldsymbol{\Phi} \boldsymbol{G} \boldsymbol{w} \|_2^2 \, p_k}{\zeta_k} \tag{7.8}$$

式中：

$$\zeta_k = \| \boldsymbol{h}_k \boldsymbol{\Phi} \boldsymbol{G} \boldsymbol{w} \|_2^2 \sum_{j=1}^{k-1} p_j + \sigma_v^2 + \frac{\sigma_u^2}{\beta_k} \tag{7.9}$$

由式（7.8）可得系统的总可达速率如下：

$$R_{\text{sum}} = \sum_{k=1}^{K} R_k = \sum_{k=1}^{K} \log_2 (1 + \text{SINR}_k) \tag{7.10}$$

因此，最大化系统频谱效率可表示为

$$P_1 : \max_{p_k, \beta_k, \boldsymbol{\Phi}, \boldsymbol{w}} R_{\text{sum}}$$

$$\text{s.t.} C_1 : \sum_{k=1}^{K} p_k = P_{\max}$$

$$C_2 : R_k \geqslant R_k^{\min}, \quad \forall k$$

$$C_3 : P_k^{\text{EH}} \geqslant P_k^{\min}, \forall k$$

$$C_4 : \| w \|_2 \leqslant 1 \tag{7.11}$$

$$C_5 : |\lambda_j| \leqslant 1, j \in \{1, 2, \cdots, N_{\text{RIS}}\}$$

$$C_6 : w_i \in \Gamma, i \in \{1, 2, \cdots, N_{\text{TX}}\}$$

$$C_7 : \vartheta_j \in \Omega, j \in \{1, 2, \cdots, N_{\text{RIS}}\}$$

式中，C_1 为基站发射总功率的约束；C_2 为用户 QoS 约束；C_3 为用户采集能量 QoS 约束；C_4 为模拟预编码的功率约束；C_5 为每个反射单元的模值约束；C_6 为连续相位调制网络的可行域约束；C_7 为每个反射单元的相移约束。

由于优化变量耦合在一起，因此很难对问题式（7.11）直接进行求解。

7.4 优化问题求解

为求解问题式（7.11），把原始问题分解为 3 个子问题分别进行求解，并提出一种联合交替迭代优化算法。具体来说，首先，给定 RIS 反射矩阵 $\boldsymbol{\Phi}$ 和模拟预编码向量 $\boldsymbol{w}$，求解功率分配 p_k 和功率分裂 β_k；其次，固定功率分配 p_k、功率

分裂 β_k 和 RIS 反射矩阵 $\boldsymbol{\Phi}$，求解模拟预编码向量 $\boldsymbol{w}$；最后，根据得到的功率分配 p_k、功率分裂 β_k 及模拟预编码向量 $\boldsymbol{w}$，求解 RIS 反射矩阵 $\boldsymbol{\Phi}$。重复上述过程，直到问题收敛。

7.4.1　功率分配和功率分裂优化方案

本小节给定 RIS 反射矩阵 $\boldsymbol{\Phi}$ 和模拟预编码向量 $\boldsymbol{w}$，并对功率分配 p_k 和功率分裂 β_k 进行求解。原问题式（7.11）被转化为

$$\max_{p_k,\beta_k} \sum_{k=1}^{K} \log_2 \left(1 + \frac{\| \boldsymbol{h}_k \boldsymbol{\Phi G w} \|_2^2 \, p_k}{\| \boldsymbol{h}_k \boldsymbol{\Phi G w} \|_2^2 \sum_{j=1}^{k-1} p_j + \sigma_v^2 + \sigma_u^2 / \beta_k} \right) \quad （7.12）$$

$$\text{s.t.} C_1, C_2, C_3$$

由于优化变量同时存在于分子分母中，因此优化问题式（7.12）是非凸的。为了解决此问题，首先引入辅助变量 τ_k 和 t_k，上述问题被转化为

$$P_2 : \max_{p_k,\beta_k} \sum_{k=1}^{K} \log_2 (1 + t_k)$$

$$\text{s.t.} C_1, C_2, C_3$$

$$C_8 : \frac{\| \boldsymbol{h}_k \boldsymbol{\Phi G w} \|_2^2 \, p_k}{\| \boldsymbol{h}_k \boldsymbol{\Phi G w} \|_2^2 \sum_{j=1}^{k-1} p_j + \sigma_v^2 + \tau_k \sigma_u^2} \geq t_k \quad （7.13）$$

$$C_9 : \tau_k \geq \frac{1}{\beta_k}$$

显然，约束条件 C_2、C_3、C_8 和 C_9 都是非凸的。根据用户可达速率表达式（7.10），用户的 QoS 约束 C_2 可以转化为如下凸约束：

$$\tilde{C}_2 : \| \boldsymbol{h}_k \boldsymbol{\Phi G w} \|_2^2 \, p_k - \gamma_k \| \boldsymbol{h}_k \boldsymbol{\Phi G w} \|_2^2 \sum_{j=1}^{k-1} p_{g,j} - \gamma_k \tau_k \sigma_u^2 \geq \gamma_k \sigma_v^2 \quad （7.14）$$

式中，$\gamma_k = 2^{R_k^{\min}} - 1$。

对于能量采集 QoS 约束 C_3，由于功率分配 p_k 和分裂 β_k 耦合在一起，因此很难处理。为此引入辅助变量 $\mathfrak{I}_k$，根据式（7.4），可以将其解耦为如下形式：

$$\tilde{C}_3 : \parallel \boldsymbol{h}_k \boldsymbol{\Phi} \boldsymbol{G} \boldsymbol{w} \parallel_2^2 \sum_{j=1}^{K} p_j + \sigma_v^2 \geqslant \mathfrak{J}_k, \quad \forall k \tag{7.15}$$

$$\mathfrak{J}_k \geqslant \frac{P_k^{\min}}{\eta(1 - \beta_k)} \tag{7.16}$$

很明显，式（7.15）是线性凸约束，而式（7.16）仍然是非凸的。根据舒尔补充定理，式（7.16）可以被转化为如下矩阵形式：

$$C_{10} : \begin{bmatrix} \mathfrak{J}_k & \sqrt{P_k^{\min}/\eta} \\ \sqrt{P_k^{\min}/\eta} & (1 - \beta_k) \end{bmatrix} \geqslant 0 \tag{7.17}$$

对于约束条件 C_8，其分子分母都存在优化变量，为此引入辅助变量 b_k，将其转化为如下形式：

$$\tilde{C}_8 : \parallel \boldsymbol{h}_k \boldsymbol{\Phi} \boldsymbol{G} \boldsymbol{w} \parallel_2^2 \sum_{i=1}^{k-1} p_j + \sigma_v^2 + \tau_k \sigma_u^2 \leqslant b_k \tag{7.18}$$

$$\parallel \boldsymbol{h}_k \boldsymbol{\Phi} \boldsymbol{G} \boldsymbol{w} \parallel_2^2 p_k \geqslant t_k b_k \tag{7.19}$$

其中，式（7.19）中的变量 t_k 和 b_k 耦合在一起，因此它是非凸的。为解决该非凸约束，定义两个函数 $f(t_k, b_k)$ 和 $\tilde{f}(t_k^{(n)}, b_k^{(n)}, t_k^2, b_k^2)$，分别如下：

$$f(t_k, b_k) = t_k b_k \tag{7.20}$$

$$\tilde{f}(t_k^{(n)}, b_k^{(n)}, t_k^2, b_k^2) = \frac{b_k^{(n)}}{2t_k^{(n)}} t_k^2 + \frac{t_k^{(n)}}{2b_k^{(n)}} b_k^2 \tag{7.21}$$

存在如下定理：

定理 7.1 $\tilde{f}(t_k^{(n)}, b_k^{(n)}, t_k^2, b_k^2) \geqslant f(t_k, b_k)$ 恒成立。其中，$t_k^{(n)}$ 和 $b_k^{(n)}$ 是 t_k 和 b_k 在第 n 次的迭代值。

证明 由式（7.20）和式（7.21）可得

$$
\begin{aligned}
&\tilde{f}(t_k^{(n)}, b_k^{(n)}, t_k^2, b_k^2) - f(t_k, b_k) \\
&= \frac{t_k^{(n)}}{2b_k^{(n)}} b_k^2 + \frac{b_k^{(n)}}{2t_k^{(n)}} t_k^2 - t_k b_k \\
&= \frac{t_k^{(n)}}{2b_k^{(n)}} \left[b_k^2 + \left(\frac{b_k^{(n)}}{t_k^{(n)}} \right)^2 t_k^2 - \frac{2b_k^{(n)}}{t_k^{(n)}} t_k b_k \right] = \frac{t_k^{(n)}}{2b_k^{(n)}} \left(b_k - \frac{b_k^{(n)}}{t_k^{(n)}} t_k^2 \right)^2 \geqslant 0
\end{aligned}
\tag{7.22}
$$

证毕。

由定理 7.1 可知，下式恒成立：

$$\frac{t_k^{(n)}}{2b_k^{(n)}}b_k^2 + \frac{b_k^{(n)}}{2t_k^{(n)}}t_k^2 \geq t_k b_k \tag{7.23}$$

因此，式（7.20）可以转化为如下凸约束：

$$C_{11}: \| \boldsymbol{h}_k \boldsymbol{\Phi} \boldsymbol{G} \boldsymbol{w} \|_2^2\, p_k \geq \frac{t_k^{(n)}}{2b_k^{(n)}}b_k^2 + \frac{b_k^{(n)}}{2t_k^{(n)}}t_k^2 \tag{7.24}$$

针对式（7.13）中的约束条件 C_9，同样采用舒尔补充定理将其转化为如下形式：

$$\tilde{C}_9: \begin{bmatrix} \tau_k & 1 \\ 1 & \beta_k \end{bmatrix} \geq 0 \tag{7.25}$$

综上所述，优化问题式（7.13）可转换成为如下形式：

$$P_3: \max_{p_k,\beta_k,t_k,b_k} \sum_{k=1}^{K} \log_2(1+t_k) \tag{7.26}$$
$$\text{s.t.}\, C_1, \tilde{C}_2, \tilde{C}_3, \tilde{C}_8, \tilde{C}_9, C_{10}, C_{11}$$

此时，问题式（7.26）是一个凸优化问题，可以使用经典凸优化工具 CVX 进行求解。总之，为了获得功率分配和功率分裂因子，需要交替迭代求解。具体来说，首先初始化辅助变量 $t_k^{(0)}$ 和 $b_k^{(0)}$；然后解决问题式（7.26）获得第 r 次迭代的 $t_k^{(r)}$、$b_k^{(r)}$、$\beta_k^{(r)}$ 和 $p_k^{(r)}$；接下来，$t_k^{(0)}$ 和 $b_k^{(0)}$ 被获得的 $t_k^{(r)}$ 和 $b_k^{(r)}$ 更新，再重新求解问题式(7.26)。重复上述过程，直到结果收敛或者迭代次数达到最大值。具体地，基于交替迭代功率分配和功率分裂联合优化算法如表 7.1 所示。

表 7.1　基于交替迭代功率分配和功率分裂联合优化算法

算法 7.1：基于交替迭代功率分配和功率分裂联合优化算法

1. 参数设置：固定 RIS 反射矩阵 $\boldsymbol{\Phi}^{(0)}$ 和模拟波束向量 $\boldsymbol{w}^{(0)}$，初始化辅助变量 $\{ t_k^{(0)}, b_k^{(0)} \}$ 最大的迭代次数为 $r_{\max}$

2. for $r=1$: $r_{\max}$

3. 对于给定的 $\{ t_k^{(0)}, b_k^{(0)} \}$ 和 $\{ \boldsymbol{\Phi}^{(0)}, \boldsymbol{w}^{(0)} \}$，根据式（7.26）求解，获得 $t_k^{(r)}$ 和 $b_k^{(r)}$

4. 根据获得的 $t_k^{(r)}$ 和 $b_k^{(r)}$ 更新 $t_k^{(0)}$ 和 $b_k^{(0)}$

6. 如果 $t_k^{(r)}$ 收敛，则跳出循环，直接输出

7. 否则继续迭代，直到 for 循环结束

8. 输出：目标值 p_k^*、β_k^*

7.4.2 模拟预编码设计

本小节中，给定功率分配 p_k、功率分裂 β_k 和 RIS 反射矩阵 $\boldsymbol{\Phi}$，并对模拟波束向量 $\boldsymbol{w}$ 进行求解优化。原问题式（7.11）被转化为

$$P_1' : \max_{w} \sum_{k=1}^{K} \log_2 \left(1 + \frac{\| \hat{\boldsymbol{h}}_k \boldsymbol{w} \|_2^2 \, p_k}{\| \hat{\boldsymbol{h}}_k \boldsymbol{w} \|_2^2 \sum_{j=1}^{k-1} p_j + \sigma_v^2 + \sigma_u^2 / \beta_k} \right) \quad (7.27)$$

$$\text{s.t.} C_2, C_3, C_4, C_6$$

式中，$\hat{\boldsymbol{h}}_k = \boldsymbol{h}_k \boldsymbol{\Phi} \boldsymbol{G} \boldsymbol{w}$。

同样地，为了解决问题式（7.27），引入辅助变量 t_k' 和 b_k'，原问题可以被转化如下：

$$P_2' : \max_{w} \sum_{k=1}^{K} \log_2(1 + t_k')$$

$$\text{s.t.} C_1' : \| \hat{\boldsymbol{h}}_k \boldsymbol{w} \|_2^2 \, p_k \geq t_k' \, b_k'$$

$$C_2' : \| \hat{\boldsymbol{h}}_k \boldsymbol{w} \|_2^2 \sum_{j=1}^{k-1} p_j + \sigma_v^2 + \sigma_u^2 / \beta_k \leq b_k' \quad (7.28)$$

$$C_2, C_3, C_4, C_6$$

很明显，问题式（7.28）是非凸的。对于约束条件 C_1'，利用一阶泰勒展开式将其近似展开为线性函数，式（7.28）中约束 C_1' 左边在点 $\overline{\boldsymbol{w}}$ 的一阶泰勒级数如下：

$$\| \hat{\boldsymbol{h}}_k \boldsymbol{w} \|_2^2 \geq \left[2\,\text{real}(\overline{\boldsymbol{w}}^{\mathrm{T}} \hat{\boldsymbol{h}}_k^{\mathrm{T}} \hat{\boldsymbol{h}}_k \boldsymbol{w}) - \| \hat{\boldsymbol{h}}_k \overline{\boldsymbol{w}} \|_2^2 \right] \quad (7.29)$$

因此，约束条件 C_1' 可以转化为如下凸约束：

$$C_1' : \left[2\,\text{real}(\overline{\boldsymbol{w}}^{\mathrm{T}} \hat{\boldsymbol{h}}_k^{\mathrm{T}} \hat{\boldsymbol{h}}_k \boldsymbol{w}) - \| \hat{\boldsymbol{h}}_k \overline{\boldsymbol{w}} \|_2^2 \right] I_1 - I_2 \geq (2^{R_k^{\min}} - 1)\sigma_v^2 \quad (7.30)$$

式中，$I_1 = \left[p_k - (2^{R_k^{\min}} - 1)\sum_{j=1}^{k-1} p_j \right]$；$I_2 = (2^{R_k^{\min}} - 1)\sigma_u^2 / \beta_k$。

对于能量采集 QoS 约束条件 C_3，其可以转化为

$$\tilde{C}_3 : \left[2\,\text{real}(\overline{\boldsymbol{w}}^{\mathrm{T}} \hat{\boldsymbol{h}}_k^{\mathrm{T}} \hat{\boldsymbol{h}}_k \boldsymbol{w}) - \| \hat{\boldsymbol{h}}_k \overline{\boldsymbol{w}} \|_2^2 \right] \sum_{j=1}^{K} p_j + \sigma_v^2 \geq \frac{P_k^{\min}}{\eta(1 - \beta_k)} \quad (7.31)$$

根据连续相位调制网络的可行域，约束条件 C_6 可被转化为如下形式：

$$\tilde{C}_6 : |[\boldsymbol{w}_i]| \le \frac{1}{\sqrt{2}} \tag{7.32}$$

综上所述，问题式（7.27）可以被转化为如下形式：

$$P_3' : \max_{w, b'_k, t'_k} \sum_{k=1}^{K} \log_2(1 + t'_k) \tag{7.33}$$
$$\mathrm{s.t.} \tilde{C}_1', \ \tilde{C}_2', C_2, \ \tilde{C}_3, C_4, \ \tilde{C}_6$$

可以发现，问题式（7.33）中的约束条件式 $\tilde{C}_1'$、$\tilde{C}_2'$ 是二阶锥凸约束，C_2、$\tilde{C}_3$、C_4 是线性凸约束，C_6 是一阶锥凸约束。因此，问题式（7.33）是一个凸优化问题，可以通过凸优化工具 CVX 直接求解。具体地，基于 SCA 的模拟预编码优化算法如表 7.2 所示。

表 7.2　基于 SCA 的模拟预编码优化算法

算法 7.2：基于 SCA 的模拟预编码优化算法
1. 参数设置：固定反射矩阵 $\boldsymbol{\Phi}^{(0)}$，初始化辅助变量 { $t_k'^{(0)}$，$b_k'^{(0)}$ } 和可行的模拟波束向量 $\bar{\boldsymbol{w}}^{(0)}$，最大的迭代次数为 $r_{\max}$
2. for $r=1$: $r_{\max}$
3. 对于给定的 { $t_k'^{(0)}$，$b_k'^{(0)}$ } 和 { $\boldsymbol{\Phi}^{(0)}$，$\bar{\boldsymbol{w}}^{(0)}$ }，根据式（7.33）求解，获得 $t_k'^{(r)}$、$b_k'^{(r)}$ 和 $\bar{\boldsymbol{w}}^{(r)}$
4. 根据获得的 $t_k'^{(r)}$、$b_k'^{(r)}$ 和 $\bar{\boldsymbol{w}}^{(r)}$ 更新 $t_k'^{(0)}$、$b_k'^{(0)}$ 和 $\bar{\boldsymbol{w}}^{(0)}$
5. 如果 $t_k'^{(r)}$ 收敛，则跳出循环，直接输出
6. 否则继续迭代，直到 for 循环结束
7. 输出：目标值 $\boldsymbol{w}^*$

7.4.3　RIS 矩阵设计

本小节中，给定功率分配 p_k、功率分裂 β_k 和模拟波束向量 $\boldsymbol{w}$，并对 RIS 反射矩阵 $\boldsymbol{\Phi}$ 进行求解优化。原问题式（7.11）被转化为

$$P_1'': \max_{\boldsymbol{\Phi}} \sum_{k=1}^{K} \log_2 \left(1 + \frac{\| \boldsymbol{h}_k \boldsymbol{\Phi} \boldsymbol{G} \boldsymbol{w} \|_2^2 \, p_k}{\| \boldsymbol{h}_k \boldsymbol{\Phi} \boldsymbol{G} \boldsymbol{w} \|_2^2 \sum_{j=1}^{k-1} p_j + \sigma_v^2 + \sigma_u^2 / \beta_k} \right) \quad (7.34)$$

$$\text{s.t.} C_2, C_3, C_5$$

很明显，问题式（7.34）是非凸的，无法对其直接求解。首先将离散的 ϑ_j 松弛为 $[0, 2\pi]$ 的连续值，令 $\boldsymbol{\Omega} = \boldsymbol{G}\boldsymbol{w}$，$\boldsymbol{c}_k = \boldsymbol{h}_k \text{diag}(\boldsymbol{\Omega})$，$\boldsymbol{\theta} = [\lambda_1 e^{\vartheta_1}, \cdots, \lambda_{N_{RIS}} e^{\vartheta_{N_{RIS}}}]^H$。那么，原问题可以被转化为如下形式：

$$P_2'': \max_{\boldsymbol{\theta}} \sum_{k=1}^{K} \log_2 \left(1 + \frac{\| \boldsymbol{c}_k \boldsymbol{\theta} \|_2^2 \, p_k}{\| \boldsymbol{c}_k \boldsymbol{\theta} \|_2^2 \sum_{j=1}^{k-1} p_j + \sigma_v^2 + \sigma_u^2 / \beta_k} \right) \quad (7.35)$$

$$\text{s.t.} C_2, C_3, C_5$$

可以发现，问题式（7.35）和问题式（7.27）的目标函数具有相同的形式，因此可以采用解决问题式（7.27）的方法来处理此问题。为此引入辅助变量 t_k'' 和 b_k''，问题式（7.35）被转化为如下形式：

$$P_3'': \max_{\boldsymbol{\theta}} \sum_{k=1}^{K} \log_2 (1 + t_k'')$$

$$\text{s.t.} C_1'': \| \boldsymbol{c}_k \boldsymbol{\theta} \|_2^2 \, p_k \geq \frac{t_k''^{(n)}}{2 b_k''^{(n)}} b_k''^2 + \frac{b_k''^{(n)}}{2 t_k''^{(n)}} t_k''^2 \quad (7.36)$$

$$C_2'': \| \boldsymbol{c}_k \boldsymbol{\theta} \|_2^2 \sum_{i=1}^{k-1} p_j + \sigma_v^2 + \sigma_u^2 / \beta_k \leq b_k''$$

$$C_2, C_3, C_5$$

同理，首先使用一阶泰勒展开式对非凸问题进行化简。对于约束条件 C_1''，可以将其转化为

$$\tilde{C}_1'': \left[2\text{real}(\bar{\boldsymbol{\theta}}^T \boldsymbol{c}_k^T \boldsymbol{c}_k \boldsymbol{\theta}) - \| \boldsymbol{c}_k \bar{\boldsymbol{\theta}} \|_2^2 \right] \geq \frac{t_k''^{(n)}}{2 b_k''^{(n)}} b_k''^2 + \frac{b_k''^{(n)}}{2 t_k''^{(n)}} t_k''^2 \quad (7.37)$$

约束条件 C_2 可转化为

$$\tilde{C}_2: \left[2\text{real}(\bar{\boldsymbol{\theta}}^T \boldsymbol{c}_k^T \boldsymbol{c}_k \boldsymbol{\theta}) - \| \boldsymbol{c}_k \bar{\boldsymbol{\theta}} \|_2^2 \right] I_1 - I_2 \geq (2^{R_k^{\min}} - 1)\sigma_v^2 \quad (7.38)$$

式中，$I_1 = \left[p_k - (2^{R_k^{\min}} - 1) \sum\limits_{j=1}^{k-1} p_j \right]$；$I_2 = (2^{R_k^{\min}} - 1) \sigma_u^2 / \beta_k$。

约束条件 C_3 可转化为

$$\tilde{C}_3 : \left[2\,\mathrm{real}(\overline{\boldsymbol{\theta}}^{\mathrm{T}} \boldsymbol{c}_k^{\mathrm{T}} \boldsymbol{c}_k \boldsymbol{\theta}) - \| \boldsymbol{c}_k \overline{\boldsymbol{\theta}} \|_2^2 \right] \sum_{j=1}^{K} p_j + \sigma_v^2 \geq \frac{P_k^{\min}}{\eta(1 - \beta_k)} \tag{7.39}$$

最后，问题式（7.36）可以被转化为如下形式：

$$P_4'' : \max_{q_k^r,\, b_k'} \sum_{k=1}^{K} \log_2(1 + t_k'') \tag{7.40}$$
$$\mathrm{s.t.}\, \tilde{C}_1'', C_2'', \tilde{C}_2, \tilde{C}_3, C_5$$

问题式（7.40）是一个凸优化问题，可以利用现有的凸优化工具 CVX 对其进行求解，需要交替优化获得反射矩阵 $\boldsymbol{\theta}$。其具体求解过程如表 7.3 所示。需要注意的是，在求解反射矩阵时，由于 $\boldsymbol{\theta}$ 被松弛，此时通过问题式（7.40）获得的目标值是反射矩阵原问题式（7.34）的上限。根据问题式（7.40）的解，离散的相移值为

$$\vartheta_{N_j} = \arg \min_{\Omega} \{ \vartheta - \mathrm{angle}(\theta_{N_j}) \} \tag{7.41}$$

表 7.3　基于 SCA 的反射矩阵优化算法

算法 7.3：基于 SCA 的反射矩阵优化算法

---

1. 参数设置：固定模拟预编码向量 $\boldsymbol{w}^{(0)}$，初始化辅助变量 $\{ t_k''^{(0)},\ b_k''^{(0)} \}$ 和可行的反射矩阵向量 $\overline{\boldsymbol{\theta}}^{(0)}$，最大的迭代次数为 $r_{\max}$

2. for r=1: $r_{\max}$

3. 对于给定的 $\{ t_k''^{(0)},\ b_k''^{(0)} \}$ 和 $\{ \overline{\boldsymbol{\theta}}^{(0)},\ \overline{\boldsymbol{w}}^{(0)} \}$，根据式（7.34）求解出 $t_k''^{(r)}$、$b_k''^{(r)}$ 和 $\overline{\boldsymbol{\theta}}^{(r)}$

4. 根据获得的 $t_k''^{(r)}$、$b_k''^{(r)}$ 和 $\overline{\boldsymbol{\theta}}^{(r)}$ 更新 $t_k''^{(0)}$、$b_k''^{(0)}$ 和 $\overline{\boldsymbol{\theta}}^{(0)}$

5. 如果 $t_k''^{(r)}$ 收敛，则跳出循环，直接输出

6. 否则继续迭代，直到 for 循环结束

7. 输出：目标值 $\boldsymbol{\theta}^{(*)}$，根据式（7.40）更新 $\boldsymbol{\theta}^{(*)}$，之后将其转化为 $\boldsymbol{\Phi}^*$

由于量化误差，离散相移 ϑ_{N_j} 可能不是局部最优解。但是，随着 RIS 分辨率 B 的增加，离散相移 RIS 可以达到连续相移 RIS 的性能。为了保证算法的收敛性，在每一次迭代时，优化连续相移 $\boldsymbol{\theta}$。当问题式（7.40）收敛时，更新 $\vartheta_{N_{\mathrm{RIS}}}$。

最后，总结为解决原始问题式（7.11）所提出的联合交替迭代算法。其具体

细节如表 7.4 所示。

表 7.4　基于交替迭代和 SCA 的联合优化算法

算法 7.4：基于交替迭代和 SCA 的联合优化算法

1. 参数设置：可行的反射矩阵 $\boldsymbol{\Phi}^{(0)}$ 和模拟波束向量 $\boldsymbol{w}^{(0)}$，初始化辅助变量 $\{\, t_k^{(0)}$，$b_k^{(0)}$，$t_k'^{(0)}$，$b_k'^{(0)}$，$t_k''^{(0)}$，$b_k''^{(0)} \,\}$，最大的迭代次数为 $r_{\max}$

2. for r=1: $r_{\max}$

3. 对于给定的 $\{\, t_k^{(0)}$，$b_k^{(0)} \,\}$ 和 $\{\, \boldsymbol{\Phi}^{(0)}$，$\boldsymbol{w}^{(0)} \,\}$，根据算法 7.1 求解出 $\beta_k^{(r)}$ 和 $p_k^{(r)}$

4. 对于给定的 $\{\, t_k'^{(0)}$、$b_k'^{(0)}$ 和 $\boldsymbol{w}^{(0)} \,\}$ 和 $\{\, \beta_k^{(r)}$、$p_k^{(r)}$ 和 $\boldsymbol{\Phi}^{(0)} \,\}$，根据算法 7.2 求解出 $\boldsymbol{w}^{(r)}$

5. 对于给定的 $\{\, t_k''^{(0)}$，$b_k''^{(0)} \,\}$ 和 $\{\, \beta_k^{(r)}$、$p_k^{(r)}$ 和 $\boldsymbol{w}^{(r)} \,\}$，根据算法 7.3 求解出 $\boldsymbol{\Phi}^{(r)}$

6. 如果原问题式（4.10）目标函数收敛，则跳出循环，直接输出

7. 否则继续迭代，直到 for 循环结束

8. 输出：目标值 p_k^*、β_k^*、$\boldsymbol{\Phi}^{(*)}$、$\boldsymbol{w}^{(*)}$

7.5　仿真分析

本节将对所提方案的性能进行仿真分析验证。假设基站天线的数目 $N_{\mathrm{TX}} = 64$，射频链数量 $N_{\mathrm{RF}} = 1$，用户数量 $K = 4$，信道路径数目 $F = 3$（包括一条可视路径和两条非可视路径），RIS 反射元素数量 $N_{\mathrm{RIS}} = 10$，能量转换效率 $\eta = 0.9$，用户最小采集能量 $P_k^{\min} = 0.1\mathrm{mW}$，用户最小速率 $R_k^{\min} = 0.1\mathrm{b/s/Hz}$。

图 7.3 所示为联合交替迭代算法（算法 7.4）的收敛性。设 $P_{\max} = 5\mathrm{dB}$，从图 7.3 中可以看出，算法 7.1 ～算法 7.3 均在 5 次迭代后趋于收敛，算法 7.4 在 3 次迭代后趋于稳定。此外，从图 7.3 中可以发现，算法 7.4 在谱效约为 6.5b/s/Hz 处收敛，而算法 7.1 ～算法 7.3 分别在频谱效率约为 3.1b/s/Hz、3.3b/s/Hz 和 4.1b/s/Hz 处收敛，这也证明了联合交替迭代算法可以进一步提高系统频谱效率。

图 7.4 展示了不同方案下的系统频谱效率与 RIS 分辨率 B 的关系。设发射总功率 $P_{\max} = 5\mathrm{dB}$，上限方案表示 RIS 在 $[0, 2\pi]$ 具有连续相移。另外，随着 RIS 分辨率 B 的增加，连续相移 RIS 和离散相移 RIS 之间的系统频谱效率差逐渐减小，这是因为较大的 B 值增大了 RIS 的自由度，可以更好地调节 RIS 相移。

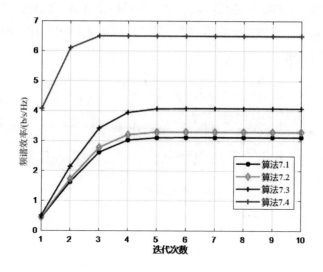

图 7.3　联合交替迭代算法的收敛性

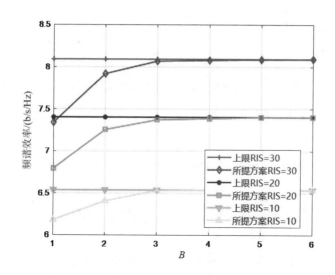

图 7.4　不同方案下系统频谱效率与 RIS 分辨率 B 的关系

　　图 7.5 展示了不同方案下系统频谱效率与发射总功率 P_{max} 的关系。其中，CPMN 表示基站采用连续相位调制网络设计模拟预编码，PSN 表示基站采用传统移相器调制网络设计模拟预编码。设 RIS 分辨率 $B=5$。可以看出，所有方案的系统频谱效率都随着发射总功率 P_{max} 的增加而增加。另外，可以发现基于连续相位调制网络的系统频谱效率优于传统基于移相器调制网络的系统频谱效率，原因是移相器的恒模约束降低了模拟预编码的自由度。同时，联合交替迭代算法优于未优化

RIS 相移和模拟波束向量的随机算法。进一步可以注意到，NOMA 方案的系统频谱效率优于 OMA 方案的系统频谱效率，因为与 OMA 系统相比，所有的 NOMA 用户可以被同时服务。

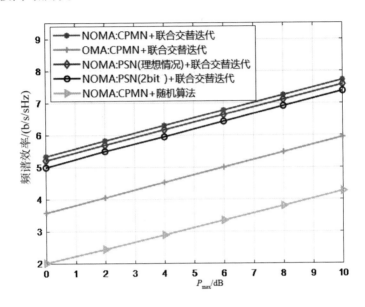

图 7.5　不同方案下系统频谱效率与 P_{max} 的关系

图 7.6 展示了不同方案下系统频谱效率与 RIS 反射元素数的关系。其中，RIS 分辨率 $B=5$，发射总功率 $P_{max} = 5dB$。可以看出，所有方案的系统频谱效率都随着 RIS 反射元素数量的增加而增加，其原因在于 RIS 反射元件越多，反射信号功率越大，功率增益越大。另外，基于连续相位调制网络方案也优于传统基于移相器调制网络方案，这与图 7.5 是一致的。同样地，NOMA 方案的系统频谱效率优于 OMA 方案的系统频谱效率。

图 7.7 展示了不同方案下系统频谱效率与天线数的关系。其中，RIS 分辨率 $B=5$，发射总功率 $P_{max} = 5dB$。可以看出，所有方案的系统频谱效率都随着天线数量的增加而增加。综合图 7.6 和图 7.7 可以发现，增加 RIS 反射元素或者基站的发射天线数都可以增加系统频谱效率，这是因为当基站处有更多的天线或者 RIS 处有更多的反射元件时，可以实现更高的波束成形增益。

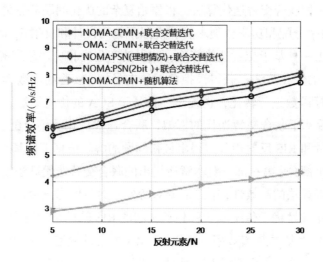

图 7.6　不同方案下系统频谱效率与反射元素数的关系

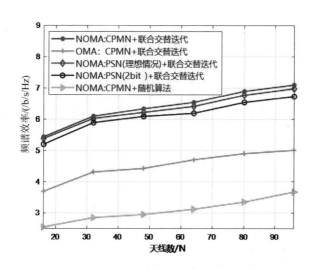

图 7.7　不同方案下系统频谱效率与天线数的关系

本 章 小 结

　　为增大毫米波通信系统的覆盖范围，同时实现信息能量同传，本章研究了基于 RIS 的毫米波大规模 MIMO–NOMA 无线携能通信系统的频谱效率问题。为最大化系统的频谱效率，本章构建了功率分配、功率分裂、模拟预编码向量和 RIS 反射矩阵的联合优化问题。由于构建的联合优化问题是非凸问题，为解决这一非

凸问题，提出一种联合交替迭代算法，将原始复杂的优化问题分解为容易解决的
3 个子问题：功率分配和功率分裂求解、模拟预编码设计和反射矩阵设计。具体
来说，首先提出一种基于交替迭代算法，获得功率分配和功率分裂解；其次提出
一种基于 SCA 的优化算法，获得模拟预编码向量解；接着利用数学工具对求解
反射矩阵的目标函数进行转化，再提出一种基于 SCA 的优化算法，获得 RIS 反
射矩阵解；最后基于联合交替迭代的框架，联合迭代优化功率分配、功率分裂、
模拟预编码向量和 RIS 反射矩阵，得出最初问题的解。仿真工作基于 MATLAB，
且主要包括两个部分：第一部分对本章所提出的联合交替迭代算法收敛性进行分
析，证明了所提算法的有效性；第二部分对所提方案与传统方案进行对比，证明
了所提方案频谱效率优于传统基于移相器调制的 RIS 辅助毫米波大规模 MIMO–
NOMA 携能通信系统的频谱效率，所提 NOMA 方案的频谱效率也优于 OMA 方
案的频谱效率。此外，也证明了 RIS 辅助毫米波通信的有效性。

第 8 章 总结与展望

8.1 本书总结

在未来 B5G/6G 的无线通信系统中，特别是在毫米波频谱中，为了实现高天线增益、克服严重的路径损耗和提供高数据速率，大规模 MIMO 的应用将是必不可少的。在这种情况下，传统的全数字预编码将不再适用，因为每根天线使用一条射频链将造成巨大的功耗和硬件复杂度。作为一种替代方案，可以利用混合模拟／数字预编码实现合理的权衡。模拟预编码使用移相器实现高增益的方向性波束并减少射频链，数字预编码通过传统的数字编码技术或其他更复杂的处理技术提供额外的性能提升。

由于无线通信的广播性质，机密信息的安全传输仍然是一个重要的问题。相较于传统的通过协议栈上层的加密技术，物理层安全技术利用无线信道的特性，以最大安全速率为目标，实现信息安全传输。然而，一味地追求安全速率的提高将导致过高的能源消耗。从绿色通信和可持续性的角度来看，这对于在许多情况下能源有限的用户设备是不现实的。因此，应综合考量安全通信和绿色通信的方式工作，以应对安全威胁和能源限制，安全能效的提出将成为衡量安全通信和绿色通信平衡的重要指标。本书研究的核心问题就是结合未来高频毫米波商用所提出的相关技术，提出可解决的方案，使系统的安全能效最大化，并获得了一些有意义的成果。

本书针对毫米波大规模 MIMO–NOMA 系统安全绿色通信问题，研究了不同应用场景下的预编码技术、波束优化方案和资源分配机制，为信息安全、能源环保等技术的进步积累科学方法和关键技术。

8.2　未来展望

下一步研究目标旨在以基于 5G 毫米波大规模 MIMO 系统安全绿色通信技术为突破口，从基础研究逐渐转变为基础应用研究，为信息安全、能源环保等的技术进步、核心设备的设计水平和科技创新能力积累科学方法和关键技术。

首先，延续前期成果，在绿色安全通信的各项技术上争取有所突破。具体为基于 5G 毫米波大规模 MIMO 系统安全绿色通信传输方案，在毫米波波束设计、无线携能通信协同传输理论和多维度资源的联合优化、基站部署方案优化、高效能目标下的安全通信、能量传输资源分配方案设计、非理想条件下的安全通信鲁棒传输等方面形成原理和技术突破，充分利用毫米波大规模 MIMO 方向性波束的优点，挖掘系统对无线传输环境的自适应调整潜力。

其次，以安全能效为核心，进一步扩大应用场景。具体为 5G 毫米波大规模 MIMO 系统未来 6G 移动通信系统、异构网络、天地一体化通信传输、云无线接入网 (cloud-radio access network，C-RAN) 系统、智能反射面 (intelligent reflecting surface，IRS) 系统等场景的安全能效分析。

另外，在现有研究基础上进行改进。例如，进一步优化用户分簇算法，提高系统安全性能；引入机器学习等人工智能技术，对比所述方法的系统性能；混合预编码部分扩展为交叉混合架构进行分析；建立最大安全能效和最大安全速率的权衡优化问题，采用 Pareto-optimal 方法进行权衡优化等。

参 考 文 献

［1］工业和信息化部，中央网络安全和信息化委员会办公室，国家发展和改革委员会，等. 5G 应用"扬帆"行动计划（2021—2023 年）[EB]. http://www.gov.cn/zhengce/zhengceku/2021-07/13/content_5624610.htm，2021.

［2］STRINATI E C, BARBAROSSA S, GONZALEZ-JIMENEZ J L, et al. 6G: The next frontier: From holographic messaging to artificial intelligence using subterahertz and visible light communication[J]. IEEE Vehicular Technology Magazine, 2019, 14(3):42-50.

［3］MARZETTA T L. Noncooperative cellular wireless with unlimited numbers of base station antennas[J]. IEEE Transactions on Wireless Communications, 2010, 9(11):3590-3600.

［4］GAO X, DAI L, SAYEED A M. Low RF-complexity technologies to enable millimeter-wave MIMO with large antenna array for 5G wireless communications[J]. IEEE Communications Magazine, 2018, 56(4):211-217.

［5］XIE H, GAO F, ZHANG S, et al. A unified transmission strategy for TDD/FDD massive MIMO systems with spatial basis expansion model[J]. Vehicular Technology IEEE Transactions on, 2017, 66(4):3170-3184.

［6］DONG L, ZHAO H, CHEN Y, et al. Introduction on IMT-2020 5G trials in China[J]. IEEE Journal on Selected Areas in Communications, 2017, 35(8):1849-1866.

［7］HAO W, ZENG M, CHU Z, et al. Energy-efficient power allocation in millimeter wave massive MIMO with non-orthogonal multiple access[J]. IEEE Wireless Communications Letters, 2017, 6(6):782-785.

［8］HAO W, SUN G, CHU Z, et al. Beamforming design in SWIPT-Based joint multicast-unicast mm wave massive MIMO with lens-antenna array[J]. IEEE Wireless Communications Letters, 2019, 8(4):1124-1128.

［9］PERERA T D P, JAYAKODY D N K, SHARMA S K, et al. Simultaneous wireless information and power transfer (SWIPT): Recent advances and future challenges[J]. IEEE Communications Surveys & Tutorials, 2018, 20(1): 264–302.

［10］ZHOU X, ZHANG R, HO C K. Wireless information and power transfer: Architecture design and rate–energy tradeoff[J]. IEEE Transactions on Communications, 2013, 61(11): 4754–4767.

［11］BOSHKOVSKA E, ZLATANOV N, DAI L, et al. Secure SWIPT networks based on a non–linear energy harvesting model[C]. IEEE Wireless Communications and Networking Conference Workshops (IEEE WCNCW 17), 2017:1–6.

［12］赵飞，郝万明，孙钢灿，等. 基于 SWIPT 的毫米波大规模 MIMO–NOMA 系统下安全能效资源优化 [J]. 通信学报，2020，41(8):79–86.

［13］SHANNON C E. Communication theory of secrecy systems[J]. Bell System Technical Journal, 1949, 28(4):656–715.

［14］WYNER A D. The wire-tap channel[J]. Bell Labs Technical Journal, 1975, 54(8): 1355–1387.

［15］GOPALA P K, LAI L, GAMAL H E. On the secrecy capacity of fading channels[J]. IEEE Transactions on Information Theory, 2008, 54(10):4687–4698.

［16］BLOCH M, BARROS J. Physical layer security: Fundamentals of information theory[J]. 2011, 10(2):13–46.

［17］CHEN W, LV G, LIU X, et al. Doherty PAs for 5G massive MIMO: Energy-efficient integrated DPA MMICs for sub–6–GHz and mm–wave 5G massive MIMO systems[J]. IEEE Microwave Magazine, 2020, 21(5):78–93.

［18］AYACH O E, RAJAGOPAL S, ABU–SURRA S, et al. Spatially sparse precoding in millimeter wave MIMO systems[J]. IEEE Transactions on Wireless Communications, 2013, 13(3): 1499–1513.

［19］LIANG L, XU W, DONG X. Low–complexity hybrid precoding in massive multiuser MIMO systems[J]. IEEE Wireless Communications Letters, 2014, 3(6):653–656.

［20］XUE x, WANG Y, YANG L, et al.Energy–Efficient Hybrid Precoding for Massive MIMO mmWave Systems with A Fully–Adaptive–Connected Structure[J]. IEEE Transactions on Communications, 2020, 68(6):3521–3535.

［21］曹海燕，马智尧，智应娟，等. 毫米波大规模 MIMO 系统基于等效信道的全连接混合预编码设计 [J]. 电信科学，2021，37(1):85–93.

[22]NGUYEN N T, LEE K. UNEQUALLY sub–connected architecture for hybrid beamforming in massive MIMO systems[J]. IEEE Transactions on Wireless Communications, 2019, 19(2):1127–1140.

[23]MARJAN S, AWAN A, MM BUTT, et al. Sector free and sub–connected precoding for millimeter wave massive FD–MIMO systems[C]. 2020 IEEE International Conference on Advances in Electrical Engineering and Computer Applications (AEECA). IEEE, Dalian, China, 2020.

[24]张雷. 多用户大规模 MIMO 中部分连接结构的混合预编码 [J]. 成都大学学报（自然科学版）, 2020, 39(3):272–277.

[25]MARAQA O, RAJASEKARAN A S, ALAHMADI S, et al. A survey of rate–optimal power domain NOMA with enabling technologies of future wireless networks[J]. IEEE Communications Surveys & Tuto–rials, 2020, 22(4):2192–2235.

[26]SHAHAB M B, ABBAS R, SHIRVANIMOGHADDAM M, et al. Grant–free non–orthogonal multiple access for IoT: A survey[J]. IEEE Communications Surveys & Tutorials, 2020, 22(3):1805–1838.

[27]ELBAYOUMI M, KAMEL M, HAMOUDA W, et al. NOMA–assisted machine-type communications in UDN: State–of–the–art and challenges[J]. IEEE Communications Surveys & Tutorials, 2020, 22(2):1276–1304.

[28]DAI L, WANG B, DING Z, et al. A survey of non–orthogonal multiple access for 5G[J]. IEEE Communications Surveys & Tutorials, 2018, 20(3): 2294–2323.

[29]CHEN Y, BAYESTEH A, WU Y, et al. Toward the standardization of non–orthogonal multiple access for next generation wireless networks[J]. IEEE Communications Magazine, 2018, 56(3):19–27.

[30]毕奇，梁林，杨姗，等 . 面向 5G 的非正交多址接入技术 [J]. 电信科学, 2015, 31(5):1–8.

[31]BI Q, LIANG L, YANG S, et al. Non–orthogonal multiple access technology for 5G systems[J]. Telecommunications Science, 2015, 31(5):1–8.

[32]KIM J S, LEE S, CHUNG M Y. Efficient random–access scheme for massive connectivity in 3GPP low–cost machinetype communications[J]. IEEE Transactions on Vehicular Technology, 2017, 66(7): 6280–6290.

[33]WONG V W S, SCHOBER R, NG D W K, et al. Key technologies for 5G wireless systems[M]. Cambridge: Cambridge University Press, 2017.

［34］VAEZI M, AMARASURIYA G, LIU Y, et al. interplay between NOMA and other emerging technologies: A survey[J]. IEEE Trans-actions on Cognitive Communications and Networking, 2019, 5(4):900-919.

［35］张伟 . 大规模 MIMO 系统中非正交多址接入（NOMA）技术的研究 [D]. 南京：南京邮电大学，2020.

［36］ALI M S, HOSSAIN E, DONG I K. Non-orthogonal multiple accsee(NOMA) for downlink multiuser MIMO systems: User clustering, beamforming, and power allocation [J].IEEE Access, 2016(5):565-577.

［37］KAUR J, SINGH M L. User assisted cooperative relaying in beamspace massive MIMO NOMA based systems for millimeter wave communications[J]. China Communications, 2019, 16(6):103-113.

［38］KIMY B, LIM S, KIM H, et al. Non-orthogonal multiple access in a downlink multiuser beamforming system[C]. Milcom IEEE Military Communications Conference, 2013.

［39］DING J, CAI J. Two-side coalitional matching approach for joint MIMO-NOMA clustering and BS selection in multi-cell MIMO-NOMA systems[J]. IEEE Transactions on Wireless Communications, 2020, 19(3):2006-2021.

［40］DAI L, WANG B, PENG M, et al. hybrid precoding-based millimeter-wave massive MIMO-NOMA with simultaneous wireless information and power transfer[J]. IEEE Journal on Selected Areas in Communications, 2019. 37(1): 131-141.

［41］郭铭, 文志成, 刘向东 . 5G 空口特性与关键技术 [M]. 北京：人民邮电出版社，2019:15-31.

［42］雷拓峰, 程乃平, 倪淑燕, 等 . 非正交多址接入技术及其应用研究 [J]. 通信术，2020，53(9):2093-2100.

［43］WU Q, ZHANG R. Towards smart and reconfigurable environment: Intelligent reflecting surface aided wireless network[J]. IEEE Communications Magazine, 2020, 58(1): 106-112.

［44］WANG P, FANG J, DAI L, et al. Joint Transceiver and Large Intelligent Surface Design for Massive MIMO mmWave Systems[J], 2021, 20(2): 1052-1064.

［45］HUANG C, ZAPPONE A, ALEXANDROPOULOS G C, et al. Reconfigurable intelligent surfaces for energy efficiency in wireless communication[J]. IEEE Transactions on Wireless Communications, 2019, 18(8): 4157-4170.

[46] WU Q, ZHANG R. Joint active and passive beamforming optimization for intelligent reflecting surface assisted SWIPT under QoS constraints[J]. IEEE Journal on Selected Areas in Communications, 2020, 38(8): 17351748.

[47] JUNG M, SAAD W, KONG G. Performance analysis of large intelligent surfaces (LISs): Uplink spectral efficiency and pilot training[J]. arXiv preprint arXiv:1904.00453, 2019.

[48] ZHOU G, PAN C, REN H, et al. Robust beamforming design for intelligent reflecting surface aided MISO communication systems[J]. IEEE Wireless Communications Letters, 2020, 9(10): 1658-1662.

[49] WANG P, FANG J, DUAN H, et al. Compressed channel estimation for intelligent reflecting surfaceassisted millimeter wave systems[J]. IEEE Signal Processing Letters, 2020 (27): 905–909.

[50] businesswire. NTT DOCOMO and Metawave announce successful demonstration of 28GHzband 5G using world's first meta–structure technology[EB/OL].https://www.businesswire.com/news/home/20181204005253/en.

[51] techtime. TowerJazz and Lumotive demonstrate solidstate beam steering for LiDAR[EB/OL]. https://techtime.news/2019/06/26/ lidar.

[52] pivotal commware. Pivotal Commware achieves gigabit connectivity in live 5G mmWave demo at mobile world congress Los Angeles 2019[EB/OL]. https://pivotalcommware.com/2019/11/04.

[53] NTT DoCoMo. DOCOMO conducts world's first successful trial of transparent dynamic metasurface[EB/OL]. https://www.nttdocomo.co.jp/english/info/mediacenter/pr/2020/011700.html.

[54] greenerwave. A technological platform to simplify all EM infrastructures: Replacing hardware complexity by algorithms[EB/OL]. http://greenerwave.com/ourtechnology.

[55] Visorsurf. A hardware platform for software-driven functional metasurfaces [EB/OL]. http://www.visorsurf.eu.

[56] Ariadne. Artificial intelligence aided D–band network for 5G long term evolution[EB/OL]. https://www.ictariadne.eu.

[57] European Commission. Harnessing multipath propagation in wireless networks: A metasurface transformation of wireless networks into smart reconfigurable radio environments [EB/OL]. https://cordis.europa.eu/project/id/891030.

［58］LIU Y , MU X, LIU X, et al. Reconfigurable Intelligent Surface-Aided Multi-User Networks: Interplay Between NOMA and RIS[J].IEEE wireless communications, 2022, 29(2):169-176.

［59］BAO H, ZHANG C, WU L, et al. Design of physical layer secure transmission scheme based on SWIPT NOMA systems[C]. IEEE International Conference on Communication Technology. IEEE, 2017.

［60］RUPASINGHE N, YAPICI Y, GUVENC I, et al. Enhancing physical layer security for NOMA transmission in mmwave drone networks[C]. 52nd Asilomar Conference on Signals, Systems, and Computers, Pacific Grove, CA, USA, 2018:1-4.

［61］HAO W, ZENG M, SUN G, et al. Edge cache-assisted secure low-latency millimeter wave transmission[J]. IEEE Internet of Things Journal, 2020, 7(3): 1815-1825.

［62］GOMEZ G, MARTIN-VEGA F J, LOPOEZ-MARTINEZ F J, et al. Physical layer security in uplink NOMA multi-antenna systems with randomly distributed eavesdroppers[J]. IEEE Access, 2019, 7(7):70422-70435.

［63］YAN Y, YANG W, GUO D, et al. Robust secure beamforming and power splitting for millimeter-wave cognitive satellite——terrestrial networks with SWIPT[J]. IEEE Systems Journal, 2020, 14(3):3233-3244.

［64］DU J, JIANG C, ZHANG H, et al. Secure satellite-terrestrial transmission over incumbent terrestrial networks via cooperative beamforming[J]. IEEE Journal on Selected Areas in Communications. 2018, 36(7):1367-1382.

［65］AN K,LIN M, OUYANG J, et al. Secure Transmission in Cognitive Satellite Terrestrial Networks[J]. IEEE Journal on Selected Areas in Communications, 2016, 34(11):3025-3037.

［66］LIN Z, LIN M, WANG J B, et al. Robust secure beamforming for 5G cellular networks coexisting with satellite networks[J]. IEEE Journal on Selected Areas in Communications, 2018, 36(4):932-945.

［67］HUANG J, XING C C, WANG C. Simultaneous wireless information and power transfer: Technologies, applications, and research challenges[J]. IEEE Communications Magazine, 2017, 55(11): 26-32.

［68］HUANG Q, LIN M, WANG J B, et al. Energy efficient beamforming schemes for satellite-aerial-terrestrial networks[J]. IEEE Transactions on Communications, 2020, 68(6):3863-3875.

[69] GUO J C, YU Q Y, MENG W X, et al. Energy–efficient hybrid precoder with adaptive overlapped subarrays for large–array mmwave systems[J]. IEEE Transactions on Wireless Communications, 2020, 19(3):1484–1502.

[70] GAO X, DAI L, HAN S, et al. Energy–efficient hybrid analog and digital precoding for mmwave MIMO systems with large antenna arrays[J]. IEEE Journal on Selected Areas in Communications, 2016, 34(4):998–1009.

[71] HAQIQATNEJAD A, KAYHAN F, OTTERSTEN B. Energy–efficient hybrid symbol–level precoding for large–scale mmwave multiuser MIMO systems[J]. IEEE Transactions on Communications, 2021, 69(5):3119–3134.

[72] NG D W K, LO E S, SCHOBER R. Energy–efficient resource allocation for secure OFDMA systems[J]. IEEE Transactions on Vehicular Technology, 2012, 61(6):2572–2585.

[73] LIU A, ZHENG Z, ZHANG C, et al. Secure and energy–efficient disjoint multipath routing for WSNs[J]. IEEE Transactions on Vehicular Technology, 2012, 61(7):3255–3265.

[74] 陆杨. 能效优先的多天线无线携能通信网络优化设计 [D]. 北京：北京交通大学，2020.

[75] 吴伟. 无线携能通信系统安全通信与高效能量传输技术研究 [D]. 南京：南京邮电大学，2017.

[76] 杨广宇，仇洪冰. 保密 MIMO 无线携能系统的鲁棒能效优化 [J]. 西安电子科技大学学报，2018，45(6):31–37.

[77] GONG S, WANG S, CHEN S, et al. Robust energy efficiency optimization for amplify–and–forward MIMO Relaying Systems[J]. IEEE Transactions on Wireless Communications, 2019, 18(9):4326–4343.

[78] MACCARTNEY G R, SUN S, RAPPAPORT T S, et al. Millimeter wave wireless communications: New results for rural connectivity[C]. In Proceedings of the 5th workshop on all things cellular: operations, applications and challenges. New York: ACM Press, 2016.

[79] WEI L, HU Q, QIAN Y, et al. Key elements to enable millimeter wave communications for 5G wireless systems[J]. IEEE Wireless Communications, 2014, 21(6):136–143.

［80］SUN S, RAPPAPPORT T, HEATH R, et al. MIMO for millimeter wave wireless communications: Beamforming, spatial multiplexing, or both[J]. IEEE Communications Magazine, 2014, 52(12):110–121.

［81］GAO X, DAI L, SAYEED A M. Low RF–complexity technologies to enable millimeter–wave MIMO with large antenna array for 5G wireless communications[J]. IEEE Communications Magazine, 2018, 56(4):211–217.

［82］ALKHATEEB A, AYACH O E, LEUS G, et al. Channel estimation and hybrid precoding for millimeter wave cellular systems[J]. IEEE Journal of Selected Topics in Signal Processing, 2014, 8(5):831–846.

［83］BAI T, ALKHATEEB A, HEATH R W. Coverage and capacity of millimeter–wave cellular networks[J]. IEEE Communications Magazine, 2014, 52(9):70–77.

［84］RUSU C, MENDEZ–RIAL R, GONZALEZ–PRELCICY N, et al. Low complexity hybrid sparse precoding and combining in millimeter wave MIMO systems[C]. IEEE International Conference on Communications（ICC）, NewJersey, London, UK: IEEE Press, 2015.

［85］MENDEZ R R R, RUSU C, GONZALEZ P N, et al. Hybrid MIMO architectures for millimeter wave communications: Phase shifters or switches[J].IEEE Access, 2016(4): 247–267.

［86］ZHANG J J, HUANG Y M, SHI Q J, et al. Codebook design for beam alignment in millimeter wave communication systems[J]. IEEE Transactions on Communications, 2017, 65(11):4980–4995.

［87］GAO X, EDFOPRS O, RUSEK F. Linear pre–coding performance in measured very–large MIMO channels[C]. Proceedings of the IEEE Conference on Vehicular Technology. USA:IEEE, 2011.

［88］张钰,赵雄文.毫米波大规模 MIMO 系统中的预编码技术 [J]. 中兴通讯技术, 2018,24(3):26–31.

［89］LYU T K. Capacity of multi–user MIMO systems with MMSE and ZF precoding [C]. 2016 IEEE Conference on Computer Communications Workshops (INFOCOM WKSHPS).USA: IEEE, 2016.

［90］NGUYEN D H N, LE L B, LE–NGOC T, et al. Hybrid MMSE precoding and combining designs for mmwave multiuser systems[J]. IEEE Access, 2017,5: 19167–19181.

［91］MOLISCH A F, RATNAM V V, HAN S, et al. Hybrid beamforming for massive MIMO – A survey[J]. IEEE Communications Magazine, 2017, 55(9):134–141.

[92]ALKHATEEB A, LEUS G, JR R W H. Limited feedback hybrid precoding for multi–user millimeter wave systems[J]. IEEE Transactions on Wireless Communications, 2014, 14(11):6481–6494.

[93]DING Q, DENG Y, GAO X, et al. Hybrid precoding for mmwave massive MIMO systems with different antenna arrays[J]. China Communications, 2020, 16(10):45–55.

[94]SOHRABI F, YU W. Hybrid digital and analog beamforming design for large-scale antenna arrays[J]. IEEE Journal of Selected Topics in Signal Processing, 2016, 10(3):501–513.

[95]GUO Y, LI L, WEN X, et al. Subarray based hybrid precoding design for downlink millimeter–wave multi–user massive MIMO systems[C]. 2017 9th International Conference on Wireless Communications and Signal Processing (WCSP). Nanjing: IEEE Press, 2017.

[96]COVER T. Broadcast channels[J]. IEEE Transaction on Information Theory, 1972, 18(1):2–14.

[97]HIGUCHI K, KISHIYAMA Y. Non–orthogonal access with random beamforming and intrabeam SIC for cellular MIMO downlink[C]. 2013 IEEE 78th Vehicular Technology Conference (VTC Fall).

[98]DING Z, SCHOBER R, Poor H V. A General MIMO framework for NOMA downlink and uplink transmission based on signal alignment[J]. IEEE Transactions on Wireless Communications, 2016, 15(6): 4438–4454.

[99]XIAO C, ZENG J, NI W, et al. Downlink MIMO–NOMA for ultrareliable low-latency communications[J]. IEEE Journal on Selected Areas in Communications, 2019, 37(4): 780–794.

[100]YOO T, JINDAL N, Goldsmith A. Multi–antenna downlink channels with limited feedback and sser selection[J]. IEEE Journal on Selected Areas in Communications, 2007, 25(7):1478–1491.

[101]WANG H, ZHANG R B, SONG R F, et al. A novel power minimization precoding scheme for MIMO–NOMA uplink systems[J]. IEEE Communications Letters, 2018, 22(5): 1106–1109.

[102]LIN J. Space solar–power station, wireless power transmission, and biological implications[J]. IEEE Antennas and Propagation Magazine, 2001, 43(5): 166–169.

［103］GOVIC G, BOYS J. A tree-phase inductive power transfer system for roadway-power vehices[J]. IEEE Transactions on Industrial Electronics, 2007, 54(6): 3370-3378.

［104］KISSIN M, BOYS J. Interphase mutual inductance in polyphaser inductive power transfer systems[J]. IEEE Transactions on Industrial Electronics, 2009, 56(7): 2393-2400.

［105］SAMPLE A, MEYER D. Analysis, experimental results, and range adaptation of magnetically coupled resonators for wireless power transfer[J]. IEEE Transactions on Industrial Electronics, 2011, 58(2): 544-554.

［106］修越. 基于 RIS 辅助的毫米波系统波束赋形方法及物理层安全研究 [D]. 成都: 电子科技大学, 2021.

［107］NEMATI M, MAHAM B, POKHREL S R, et al. Modeling RIS empowered outdoor-to-indoor communication in mm wave cellular networks[J]. IEEE Transactions on Communications, 2021, 69(11): 7837-7850.

［108］HUANG Y, ZHANG C, WANG J, et al. Signal processing for MIMO-NOMA: Present and future challenges[J]. IEEE Wireless Communications, 2018, 25(2):32-38.

［109］HEATH R W, Nuria G P, RANGAN S, et al. An overview of signal processing techniques for millimeter wave MIMO systems[J]. Selected Topics in Signal Processing, IEEE Journal of, 2017, 10(3):436-453.

［110］CHEN S, REN B, GAO Q, et al. Pattern division multiple access:A novel nonorthogonal multiple access for fifth-generation radio networks[J]. IEEE Transactions on Vehicular Technology, 2017, 66(4): 3185-3196.

［111］YANG J, LI W, SHI X. Phase modulation technique for four-dimensional arrays[J]. IEEE Antennas and Wireless Propagation Letters, 2014(13): 1393-1396.

［112］SUN C, YANG S, CHEN Y, et al. An improved phase modulation technique based on four-dimensional arrays[J]. IEEE Antennas and Wireless Propagation Letters, 2016(16): 1175-1178.

［113］HEI Y, YU S, LIU C, et al. Energy-efficient hybrid precoding for mmWave MIMO systems with Phase Modulation Array[J]. IEEE Transactions on Green Communications and Networking, 2020, 4(3): 678-688.

［114］HAO W, SUN G, ZENG M, et al. Joint beamforming and power splitting design for C-RAN with multicast fronthaul[J]. IEEE Wireless Communications Letters, 2020, 9(4): 571-575.

[115]CHEN W, CHEN Z, NING B, et al. Artificial noise aided hybrid precoding design for secure mmwave MIMO system[C]. GLOBECOM 2019–2019 IEEE Global Communications Conference. IEEE, 2019.

[116]丁青锋，刘梦霞．基于混合精度 ADC 的大规模 MIMO 中继系统物理层安全性能研究 [J]. 电子学报，2021，49(6):1142–1150.

[117]张驰．毫米波大规模 MIMO：SWIPT 系统物理层安全混合预编码技术研究 [D]. 郑州：郑州大学，2021.

[118]RAGHAVAN V , SUBRAMANIAN S , CEZANNE J , et al. Single–user versus multi–user precoding for millimeter wave MIMO systems[J]. IEEE Journal on Selected Areas in Communications, 2017, 35(6):1387–1401.

[119]Stephen Boyd, Lieven Vandenberghe. 凸优化 [M]. 北京：清华大学出版社，2013.

[120]ZHAO F, HAO W, SHEN L, et al. Secure energy efficiency transmission for mmwave–NOMA system[J]. IEEE Systems Journal, 2021, 15(2):2226–2229.

[121]PERERA T D, JAYAKODY D, PITAS I, et al. Age of information in SWIPT–enabled wireless communication system for 5GB[J]. IEEE Wireless Communications, 2020, 27(5):1–6.

[122]COSTANZO A, MASOTTI D, PAOLINI G, et al. Evolution of SWIPT for the IoT world: Near– and far–field solutions for simultaneous wireless information and power transfer[J]. IEEE Microwave Magazine, 2021, 22(12): 48–59.

[123]TRAN H V, KADDOUM G, ABOU–RJEILY C. Collaborative RF and lightwave power transfer for next–generation wireless networks[J]. IEEE Communications Magazine, 2020, 58(2):27– 33.

[124]UWAECHIA A N, MAHYUDDIN N M. Spectrum and energy efficiency optimization for hybrid precoding–based SWIPT–Enabled mmwave mMIMO–NOMA systems[J]. IEEE Access, 2020(8): 139994–140007.

[125]CHEN L, HU B, XU G, et al. Energy–efficient power allocation and splitting for mmwave beamspace MIMO–NOMA with SWIPT[J]. IEEE Sensors Journal, 2021, 21(14):16381–16394.

[126]SUN X, YANG W, CAI Y, et al. Secure and reliable transmission in mmwave NOMA relay networks with SWIPT[J]. IEEE Systems Journal, 2022. doi: 10.1109/JSYST.2021.3109005.

[127]SUN X, YANG W, CAI Y. Secure communication in NOMA assisted millimeter wave SWIPT UAV networks[J]. IEEE Internet of Things Journal, 2019, 7(3):1884–1897.

[128] MENG C, WANG G, YAN B, et al. Energy efficiency optimization for secure SWIPT system[J]. IEICE Transactions on Communications, 2020(5):582–590.

[129] ZHU Z, MA M, SUN G, et al. Secrecy rate optimization in nonLinear energy harvesting model-based mmwave IoT systems with SWIPT[J]. IEEE Systems Journal, 2022. doi: 10.1109/JSYST.2022.3147889.

[130] DINKELBACH W. SERIES A. on nonlinear fractional programming[J]. Management Science, 1967, 13(7):492–498.

[131] ZHANG H, DONG A, JIN S, et al. Joint transceiver and power splitting optimization for multiuser MIMO SWIPT under MSE QoS constraints[J]. IEEE Transactions on Vehicular Technology, 2017, 66(8):7123–7135.

[132] GRANT M. CVX: Matlab software for disciplined convex programming[EB],2011. http://stanford.edu/~boyd/cvx.

[133] HAO W, SUN G, ZHOU F, et al. Energy-efficient hybrid precoding design for integrated multicast-unicast millimeter wave communications with SWIPT[J]. IEEE Transactions on Vehicular Technology, 2019, 68(11):10956–10968.

[134] KUANG L, CHEN X, JIANG C, et al. Radio resource management in future terrestrial-satellite communication networks[J]. IEEE Wireless Communications, 2017, 24(5):81–87.

[135] JIA M, GU X, GUO Q, et al. Broadband hybrid satellite-terrestrial communication systems based on cognitive radio toward 5G[J]. IEEE Wireless Communications, 2016, 23(6):96–106.

[136] LANGUNAS E, SHARMA S K, MALEKI S, et al. Resource allocation for cognitive satellite communications with incumbent terrestrial networks[J]. IEEE Transactions on Cognitive Communications & Networking, 2016, 1(3): 305–317.

[137] AN K, LIANG T, ZHENG G, et al. Performance limits of cognitive uplink FSS and terrestrial FS for Ka-band[J]. IEEE Transactions on Aerospace and Electronic Systems, 2018, 55(5):2604–2611.

[138] OUYANG J, LIN M, ZOU Y, et al. Secrecy energy efficiency maximization in cognitive radio networks[J]. IEEE Access, 2017(5):2641–2650.

[139] LIN Z, LIN M, CHAMPAGNE B, et al. Secrecy-energy efficient hybrid beamforming for satellite-terrestrial integrated networks[J]. IEEE Transactions on Communications, 2021, 69(9): 6345–6360.

［140］YU H, JIANG Y, et. al. Secrecy energy efficiency optimization for artificial noise aided physical-layer security in OFDM-Based cognitive radio networks[J]. IEEE Transactions on Vehicular Technology, 2018, 67(12):858-872.

［141］NI L, Da X, Hu H, et al. Outage-constrained secrecy energy efficiency optimization for CRNs with non-linear energy harvesting[J]. IEEE Access, 2019(7):175213-175221.

［142］MASOUROS C, ZHENG G. Exploiting known interference as green signal power for downlink beamforming optimization[J]. IEEE Transactions on Signal Processing, 2015, 63(14):3628-3640.

［143］ZHI L, MIN L, JIAN O, et al. Beamforming for secure wireless information and power transfer in terrestrial networks coexisting with satellite networks[J]. IEEE Signal Processing Letters, 2018, 25(8):1166-1170.

［144］International Telecommunication Union, Reference Radiation Patterns for Fixed Wireless System Antennas for Use in Coordination Studies and Interference Assessment in the Frequency Range From 100MHz to 86 GHz[S]. Geneva Switzerland, Document ITU-R F.699-8, 2018.

［145］CHU Z, ZHU Z, JOHNSTON M, et al. Simultaneous wireless information power transfer for MISO secrecy channel[J]. IEEE Transactions on Vehicular Technology, 2016, 65(9):6913-6925.

［146］LAST E. Linear matrix inequalities in system and control theory[J]. Proceedings of the IEEE, 1994, 86(12):2473-2474.

［147］ZUO J, LIU Y, BASAR E, et al. Intelligent reflecting surface enhanced millimeter-wave NOMA systems[J]. IEEE Communications Letters, 2020, 24(11): 2632-2636.

［148］XIU Y, ZHAO J, SUN W, et al. Reconfigurable intelligent surfaces aided mmwave NOMA: Joint power allocation, phase shifts, and hybrid beamforming optimization[J]. IEEE Transactions on Wireless Communications, 2021, 20(12): 8393-8409.

［149］HAO W, SUN G, ZENG M, et al. Robust design for intelligent reflecting surface-assisted MIMO-OFDMA terahertz IoT networks[J]. IEEE Internet of Things Journal, 2021, 8(16): 13052-13064.

图 目 录

表 目 录